教育部人文社会科学研究一般项目资助，题名《新型城镇化下传统村落水系的保护与利用研究》，项目批准号：14YJCZH080

传统村落水系环境的保护与利用

李琴 著

中国建筑工业出版社

图书在版编目（CIP）数据

传统村落水系环境的保护与利用 / 李琴著 .—北京：中国建筑工业出版社，2018.7

ISBN 978-7-112-22181-3

Ⅰ.①传… Ⅱ.①李… Ⅲ.①村落—水系—环境保护②村落—水系—水资源管理 Ⅳ.①X143②TV213.4

中国版本图书馆CIP数据核字（2018）第095963号

责任编辑：杜 洁 李玲洁
责任校对：芦欣甜

传统村落水系环境的保护与利用

李琴 著

*

中国建筑工业出版社出版、发行（北京海淀三里河路9号）
各地新华书店、建筑书店经销
北京点击时代文化传媒有限公司制版
北京君升印刷有限公司印刷

*

开本：787×1092毫米 1/16 印张：8¾ 字数：165千字
2018年6月第一版 2018年6月第一次印刷
定价：**38.00**元

ISBN 978-7-112-22181-3
　　　（32071）

前　言

　　水是万物生存之基，是人类文明之源。人类的生存离不开水。传统村落的产生和发展始终离不开水的滋养。传统村落水系环境记载着村落形成的历史，记录着我国古代先贤观察自然、利用自然、改造自然的智慧与经验，是中国传统水文化形成与发展的实证。随着新型城镇化战略的提出，各地村镇建设力度的加大，一些村镇却因为建设过程中忽视生态环境的脆弱性，以及与传统村落水系环境不适宜的发展方式，导致产生了许多问题。传统村落水系环境的保护和利用，成为一个亟待研究的课题。

　　传统村落水系环境的形成过程是先民对水从生存需求到改进利用，在改进利用的过程中掌握水的变化规律，进而对水的营造。根据传统村落水系环境的演变过程及生成原理，本书从三个层面对传统村落水系环境进行剖析：1. 传统村落的选址与水系环境的关系；2. 传统村落中水系环境的功能；3. 传统村落对水系环境的利用及营建。

　　传统村落在对水系的利用改造过程中因地制宜地创建了千姿百态的、适应村民生存、生活需求的水系环境景观，并产生了一系列的营建原则、组织手法。本书基于对安徽的宏村和浙江的荻港古村典型案例的深入研究，探讨了如何充分依托和利用水系来进行传统村落的群体规划和设计，创造出舒适、健康、生态的人居环境。

　　本书结合乡村规划学、景观生态学等学科知识及传统村落的营建原则和手法，总结出整体性、生态性、文化性、经济性、人性化的村落水系景观设计原则，针对村落水系环境景观当前存在的水体污染、河道功能退化、水系景观内容组织联系性不强、水岸场地空间缺乏吸引力及相应的保障措施等问题，提出了改善流域水体环境质量、保障水网河道畅通、维系良好的乡村水系生态环境、构建区域水系景观网络、加强滨水公共空间的构建、提高对村落水系保护的重视、加强公众参与度七个方面的设计对策来指导村落水系环境景观建设。最后，以上海拾村村、湖州市射中村的水系环境景观规划建设内容为例，探讨村落水系景观设计原则和对策在实践过程中的应用，以期为其他地区村落水系环境景观建设提供借鉴。

　　本书的基本内容：第一章为绪论，明确研究课题的目的、意义和方法，相关概念和研究范围的界定，并对国内外研究现状进行简要的概述；第二章为传统村落水系环境景观的生成原理，主要分析了村落选址与水系环境的关系及传统村落中水系环境的功能；第三章为传统村落水系的形态类型及其构成要素，主要分析村落水系环境的形态类型及构成要素；第四章为水系与村落空间形态分析，主要分析水系与传统村落布局、空间结构的关系以及传统村落对水系环境景观的营建；第五章为传统村落水系环境景观的典型案例研究，对荻港村和宏村这些典型的传统村落中水系环境的营建进行深入研究；第六章为传统村落水系规划内容与对策，主要针对村落水系环境景观当前存在的问题提出解决的原则及策略；第七章为案例分析，探讨村落水系环境景观设计的原则和对策在实践过程中的应用；最后为结语，总结前七章的内容，并为当今的村落水系景观环境在规划和设计中的借鉴和展望做出了探讨。

本书附有 100 余幅精美的图片，大部分为作者和朋友近年来在全国各地考察时所拍摄、绘制，有部分图片出自互联网。在此感谢为本书提供图片的郑洁、陈笑天、朱琳一、杨国群等同学，感谢为本书绘制插图的曹旭、魏之阳、赵紫彤、杨健、先静等同学，谢谢你们的鼎力支持，使本书能够顺利出版。同时还要感谢华东师范大学设计学院领导的支持、教育部人文社会科学研究一般项目的资助。

由于作者水平有限，书中难免有错误或疏漏之处，恳切希望专家及读者不吝赐教。

目 录

第一章

绪　论

我国是一个多民族的国家，幅员辽阔，历史悠久，文化遗产极为丰富。目前我国仍有将近一半的人口分布在200多万个村落中生产、生活，所产生的乡土文化是中国文化的主要组成部分，是民族文化的本源。与广大人民生产生活密切相关的传统村落是乡土文化的载体，是人与自然和谐共处的完美呈现，具有独特的历史、文化、艺术和技术价值（图1-1）。村落水系环境景观空间是乡土文化的重要发生地，其空间特色正是地域文化的体现。

图 1-1 乌镇优美的水环境景观

（图片来源：互联网）

中央城镇化工作会议和中央农村工作会议相继提出，城镇建设要科学规划和务实行动，要"让居民望得见山、看得见水、记得住乡愁"，发展有历史记忆、地域特色、民族特点的美丽乡村，要注意保留村庄原始风貌，尽可能在原有村庄形态上改善居民生活条件。然而，在我们这个日益全球化的时代，村落的"乡土本色"每天都在消失。不少传统村落被大规模拆迁改造，传统村落格局、传统建筑、村落景观以及千百年来形成的一些传统的生产生活习惯、民俗文化也随之消失。美丽乡村建设理念，不应仅仅局限于以乡村经济增长为主的单一模式，而应以改变乡村环境、提升乡村文化品质为目标，实现乡村的综合性、可持续性发展。

第一节　研究背景及意义

一、研究背景

1. 水的重要性

水是生命之源，是人类文明发展的摇篮，世界上 70％ 的人傍水而居。

水是乡村的命脉。村落的生产、生活一刻也离不开水。水不仅孕育了生命也孕育了现代文明。村落的形成与发展离不开水。最初的村落基本是依水而建，水系提供了基本的生活用水和生产用水，并提供了肥沃的土地，这些都为村落的发展提供了物质基础。后来，随着交通方式的改变，水上交通成为主要的交通方式，水系也就成为乡村出行和物质运输的主要通道。在近代工业化阶段，乡村水系成为城市水源地、动力源，从多方面促进村落形态的稳定、完善。到了现代随着经济的发展，居民生活水平的提高，对水系的生态环境及其景观功能的关注也越来越多。居民对更好生活质量的追求，村落水系的生态环境、旅游景观等功能日益强化并推动着村落空间的有机优化进程。

水系是村落自然环境的重要组成部分。它包含江河、湖泊、池塘等基质。通过这些点、线和面水系的有机组成构成了村落的自然骨架。它是形成村落特色的重要元素之一。

村落作为乡土文化的载体，具有重要的认知价值，同时具有审美欣赏、情感价值与使用价值，还有为当今景观创作提供智慧的价值。村落水系环境景观空间是乡土文化的物质载体，水系景观空间的特色正是地域文化的体现（图 1-2）。

2. 现代人居水环境的危机

传统村落长期依存于水系，适应水系而形成了具有明显特色的聚落形态。人在这种聚落中的身体经验和空间经验是极为丰富的。而人类对于水系的适应也是能动的，除了适应之外也会对之进行改造。然而随着城市化进程的加快，农村经济的快速发展，越来越多的村落形态发生了巨大的变化，村落的建设用地规模不断扩张。加上近年来运输方式的改变，道路运输、铁路运输、航空运输代替了原来的水上运输成为主要的运输方式，村落河道逐渐丧失了原有的功能。另一方面，村落建设用地的无限制扩张对水系造成了一定的侵蚀，河道两岸被违章建筑侵占、河道变窄，河流排水不畅、水系的防洪功能大大减弱，洪涝灾害频发。加上污染物的大量排放

图 1-2 宏村：具有地方特色的水系环境景观

（图片来源：互联网）

造成村落河道污染日趋严重，河道水质恶臭富氧化现象日趋严重、水域生态环境严重被破坏、生物链受到威胁，河道、湖泊成为村落最大的排污蓄污池（图 1-3、图 1-4）。这在一定程度上破坏了村落的环境和景观质量，对村落生态也造成影响，破坏了人与自然和谐共生的关系，传统的生活方式被打破，人们的生活被重新组织。在这个过程中，忽视村落生活与水系统的内在规律，忽视原有生活方式的丰富感受，而简单、粗暴的规划与建造方式屡屡发生，都降低了村落的生活质量，将富含差异性的多彩世界变得单薄无活力，村落风貌和人文特色逐渐丧失。要想恢复村落往日的美

图 1-3 河道富氧化，河岸被侵蚀

（图片来源：作者拍摄）

图 1-4　漂满垃圾的乡村河道

（图片来源：互联网）

好景象，对水系的治理刻不容缓。

在新型城镇化下，单纯强调对村落水系的保护已不切实际，现实的途径需要既保护又发展，将保护、继承与更新结合，追寻和把握村落的本质，提炼出蕴藏在水系美景中的恒定要素，从而使城镇建设在走向现代化的同时，又不失去自我发展的源泉。

3. 当代人居环境建设对水环境景观的重视

水是人类生存所需的最基本的资源之一，人类祖先多发源于河流两岸。在中国传统村落居住环境的营建理念中，崇尚自然山水与我一体，即"天人合一"的哲学观。依山傍水是现存古代村落遗址和众多传统村落主要的空间布局形式，采用沿溪建村或夹溪建村的办法有利于生活和生产用水，成为理想的居住环境（图1-5）。

此外，人们在利用村落周围的河流、湖泊外，还想方设法引水入村，将自然之水为我所用，不仅方便生产、生活，还成为美化环境、活跃气氛的重要因素。水系成为村落形态结构中不可轻视的环节，是村落景观的重要组成部分。随着人民生活水平和认识的提高，对生态环境的追求成为越来越多人追求的目标，在当代人居水环境景观建设中，如何运用水体来改善和美化环境，已是建筑及其环境设计的重要课题，水环境的生态意义和可持续发展自然受到人们的高度重视。

图 1-5 夹溪而建的村落

（图片来源：作者拍摄）

二、国内外研究历程

1. 国内外相关研究进展

（1）基于农田水利方面的相关研究

农田水利主要是指发展灌溉、排水，兼顾中小型河道整治、塘坝水库的建设，调节地区水情，改善农田水分状况，防治旱、涝、盐、碱灾害，以促进农业稳产高产的综合性科学技术。农田水利在国外一般称为灌溉和排水，属于水利工程学科范畴，这一古老的工程技术可以远溯至新石器时代。

20 世纪初，美国西部 17 个州联合进行了以灌溉为主的综合水利开发；20 世纪 30 年代，印度开始修建大型自流灌溉工程以促进农业生产；日本根据本国的具体情况，提出了关于农田水利与生态结合方面的看法。在 2001 年召开的"中日农田水利技术交流会"上，日本提出了如何提高水的利用率、农村环境用水，对于农村环境用水站在生态环境保护的角度，提出了如何体现人与自然协调发展的看法。在农田水利与生态、景观结合方面，我国也开始了一些实践。吴向东在《浅谈生态、景观与传统农田水利的融合》中提到了农田水利发展的新方向，他指出随着农村经济社会的发展，农田水利应由原来单一为农业生产服务的农田灌溉排水功能，逐渐发展为同时为农民生活、农业生产和农村环境提供涉水服务的广泛领域，并充分融合生态、景观及其他功能。概括而言，基于水系农田水利方面的研究主要探讨水系的灌溉功能及灌溉技术的发展，也涉及一定的农村水系生态保护方面的研究。

（2）基于河流生态治理与修复方面的相关研究

面对全球性日趋严重的水旱灾害威胁，许多国家都未雨绸缪，根据各自国家的实际，谋求人与河流协调、和谐发展的防洪战略。

当前国外河道的治理主要以河道的生态恢复及周边环境的综合治理为主，而不再以追求单一的防洪为目标，注重自然的原生性。1938 年德国 Seifert 首先提出了河道的治理应尽可能地还原自然本来面貌的概念，它是指在满足河道治理各种功能的前提下，以近自然的方式来完成传统河道治理的方法。继 Seifert 之后，一些生态学家、生物学家也对河道的治理提出各自的看法，且他们普遍认为应该减少人为活动对自然环境的干扰，恢复自然的自我恢复能力，达到人为环境与自然环境互利共生的目的。德国在对莱茵河的改造中就采用了自然恢复的手法，将原来的硬质混凝土堤岸改为自然的柔性堤岸，以自然做工为主，增加河流两岸的湿地蓄水带，增强水系的防洪安全性。20 世纪 80 年代开始，日本也效仿德国、瑞士等国家，开始实施河道的生态治理，提出"生态河堤"的概念，其基本理念是将自然的地方还给自然，并尽可能地以自然的材料来修筑河堤，为河堤留下较多的自然孔隙。这些自然孔隙为地下水和地表水的自然流通创造了条件，提高了水的自然净化能力。

此外，日本关于现代滨水景观设计方面的著作也颇为丰富。1995 年，日本在河川滨水地区建设中，依据 1994 年度《亲水设施规划设计指南探讨报告书（1995 年 3 月）》整理编写了《滨水地区亲水设施规划设计》一书。该书与《护岸设计》和《滨水自然景观设计理念与实践》一起被列入《滨水景观设计丛书》。这一系列丛书提出了正确的保护方式和创造自然生态的水边景观的方式方法，对我国滨水空间的建设有一定的借鉴意义。

随着我国对生态环境的关注逐渐增多，有关河流的生态治理与修复的研究和实践也随之展开。谢凤阳在《与洞庭水和谐共存·21世纪防洪减灾之道》中从人与自然和谐共存的角度，提出了"让洪水有容身之所、畅流之路"治山护林、保持水土的生态治理方针。杨芸在《论多自然型河流治理法对河流生态环境的影响》中总结了"多自然型河流"关于河道、护岸治理的常用方法，并在成都望江公园段加以实践，为我国河流的治理、整治、建设起到了极为重要的示范作用。总而言之，河道的生态治理和修复方面的研究，主张保护、恢复自然河道，强调自然河道的生态性。

（3）基于村落水系环境景观方面的相关研究

国外对于村落水系景观方面的研究是伴随着村落景观规划研究进行的。欧美国家在村落水系环境景观建设中，基本上都强调对水资源的合理利用及对污水的处理和再利用，重视对水环境中生物生存空间及物种多样性等的保护，同时重视防洪设施的建设，并在此基础上根据本国的实情发展出一套各具特色的村落景观。

随着村落水系环境景观设计越来越受到关注，目前的村落景观设计的文献资料及实践案例均有一定的涉及。关于村落水系景观空间的理论研究主要分为以下几种：农村水体功能及其附属功能的运用与保护研究；村镇水域驳岸的建造类型与方法研究；村镇水岸特征、滨水绿化、环境设施的评价指标体系研究；村镇滨水景观植物研究；江南村镇水系空间的研究。秦嘉远在《乡村溪流景观游憩空间设计的审思——以台湾乌溪流域作为研究案例》，探讨了乡村溪流环境游憩空间开发时的景观设计要点，通过溪流栖地环境的改善与游憩设施的完善，达到保护与开发兼容的目的；丁金华在《基于生态理念的江南乡村水域环境建设初探》中从生态规划的角度，阐述了江南乡村水域的功能作用，并基于水域环境的现状提出了加强生态治理发挥水域生态功能、保护水域生境恢复水域生物多样性以及构建水域生态安全格局等建议；在2004年第3期的《中国园林》期刊中，上海同济大学刘滨谊的《论景观水系整治中的护岸规划设计》一文，从生态、河流动力学、景观及游憩四个角度对护岸建设中的生态环境提升、结构安全稳定、视觉景观美化和亲水可游四个方面进行了分析和论证。陈威在《景观新农村——乡村景观规划理论与方法》中从整体规划的角度，提出村落水系是村落构成的重要元素，水系规划隶属于村落景观规划，是村落景观规划的具体内容之一。总体说来，当前我国在村落景观规划方面的应用性研究虽已有一些基础，但对村落水系环境景观营建系统的研究不仅起步较晚，研究还不完善、不深入。

2. 国内外河道治理的理论与实践总结

通过以上国内外村落水系建设现状及相关学科间的梳理，我们可以看出：目前我国对于村落水系的研究范围较小，大多数是针对大湖泊、大河流的治理与修复，研究内容较侧重工程技术和生态学方面，更多地注重基础信息、水文资料的整理、分析、总结，为农田水利（农田湿地）、河流生态治理与修复提供依据。而对村落水系的保护多限于对水系本身的保护，常常忽略了村落水系多元复合体的事实，忽略了"人"与文化因素的重要性。保护方法陷入"静态"保护的误区，而忽略了"动态"发展的要求。与今天新型城镇化建设大背景的结合还有一定距离，尤其是从历史的角度对社会经济快速发展背景下的村落水系保护与利用的研究尚处于探索阶段，这也正是本项研究的基点。

三、研究的目的和意义

1. 研究的目的

我国是一个农业大国，全国有将近一半的人口生活在农村，而且农业生产的历史悠久，这样的基本国情决定了我国农村建设的重要性。中国几千年的历史文化传承在传统村落景观上留下了深深烙印，它是人类活动与自然共同作用的结果，而水系景观又是传统村落景观的重要组成部分，是村落景观中与农民生产、生活联系最为密切的部分，风景最为多样、生动的景观。传统村落水系环境景观的营造是改善农村整体面貌，提高农民生活品质的重要环节。

本书选择了传统村落环境景观中"水"这一要素作为研究的切入点，通过对一定数量保存较为完整的传统村落水系景观进行调查研究，以期对中国典型地域的传统村落水系环境景观进行相对完整的研究；分析其独特的文化及营造理念，总结其特色及规律，丰富与完善传统村落的研究体系；并用历史的、发展的眼光对待传统村落的保护，借鉴景观生态学的原理，强调水系自然环境的保护与规划的整体性，将传统村落水空间特色、农村建设、开发旅游资源、发展地方经济相结合，进行保护性利用、开发性保护，使传统村落的民俗文化特色、文化内涵、水空间特色、历史风貌得以有效保全，有效保护具有地方特色的村落历史文化。

2. 研究的意义

冯骥才先生曾说："古村落是巨大的文化包囊，容纳了物质及非物质文化遗产，是中华民族的伟大瑰宝"。传统村落具有社会、文化、历史等研究价值，而水系环境景观空间在传统村落景观中占据着重要的地位，因此，通过对水系环境景观空间的研究来探讨传统村落保护规划研究具有重大的理论和实践意义。

（1）从环境景观设计角度来阐述中国传统村落的水系环境景观

水系环境景观空间是传统村落重要的空间形式，也蕴含了村落几千年的历史文化传承，研究传统村落水系环境景观，可以保护隐性历史文化遗产，探寻传统村落水系环境景观空间形成的轨迹。

水是自然界中不可缺少的元素，其晶莹剔透，洁净舒心。大的水体水面散漫，浩瀚缥缈，给人延展无限的感觉。小的水体尺度宜人，给人亲切的感觉。对水资源的利用研究自古就有，从环境景观设计的角度讲，我国传统村落水系环境景观有其独特和巧妙之处，对当代美丽乡村建设、景观设计等方面，有着深远的影响和积极的借鉴作用。

（2）以生态为基础，探讨以人为中心的水系环境景观营建研究

从自然生态的角度看，水是一切生物生存的必要条件。水因为其自身拥有的极大的热容量和汽化热能够维持相对稳定的温度和湿度来保证生物生存；水是生物新陈代谢的最优介质，任何生物都需要水作为媒介，然后通过新陈代谢不断与外界进行物质与能量的交换。因此，水与人类存在的任何时期的生存栖息都密切相关，因为水的生态性、自然性，人们离不开水，依赖于水。

水是人类生存的基本要素之一，且具有生态调节功能。水不仅可以调节一个地区空气的温度和湿度，还可给村落带来充足的降水，满足村落生产用水，同时增加村落景观的生机和活力，形成宜人的水系环境景观，水系环境景观是村落景观框架中是不可缺失的环节。水系对我国古人择基相地起着重要的作用，使村落环境和自然环境融为一体。

基于生态保护的概念，研究在当代复杂的环境条件下如何保护、合理利用水系环境，所考虑的问题将更加全面，也将更有深度。人与自然的和谐共生是我国古人追求的目标之一，具体体现在传统村落的布局上及水系空间的设计上。今天的景观设计，如果能吸收我国传统村落对自然环境认识观的营养，或许能从某种程度上减少对自然和人文环境的破坏。

（3）通过对利用传统和当代相结合的设计方法的探讨，对传统水系环境采取合理的保护与开发利用以及对当代水环境景观的设计，具有重要的现实指导意义

水是生命的源泉，水系是农业发展的命脉，伴随着人类社会从自然经济进步到市场经济，水系始终都发挥着不可或缺的作用，成为创造社会进步与文明的基础。传统村落的水系与人们的生活、村民的行为习惯、其他自然要素之间的关系以及自然环境的生态运行等有着极其合理的关系，也与村落的整体环境相协调，为我们提供了解祖先们认识世界、改造世界的信息。

随着"美丽乡村"重大战略的实施，一场更大范围、空前规模、影响深远的乡村建设高潮也随之而来。当城市变成钢筋水泥的"森林"之后，人们普遍渴望回归自然，改善水系，还秀美的自然风光是人们迫切的需求。山高水长，茂林修竹，炊

烟袅袅，展现出一副古朴、雅致、宁静而安详的"小桥、流水、人家"画卷，表现的是人与自然和谐发展的理念。

通过本课题的研究，希望能够在对传统村落水系环境景观调查的基础上，挖掘当地村落的特色，总结和归纳其优点，为传统村落水系环境景观特色的保护提供一手的资料和理论依据，也为现代美丽乡村的建设提供有益的参考和借鉴。

四、研究的范畴和研究方法

1. 研究范畴

我国国土面积广袤，村落数量多、分布广，仅统计在内的行政村就有 68 万个左右，由于时间和精力有限，在这里不可能一一论述。长江、黄河是我国的两大水系，也是水文化的主要分布区域。由于笔者生长、学习于中国南方，对南方地区的风貌特色有着切身的体会和感受，同时也为了课题的调查研究更为便捷，故本课题所选择的研究对象主要分布在江苏、皖南、浙江、上海等南方地区。而且这些区域及周边区域分布着许多优秀的"美丽乡村"的模范试点，比如上海市青浦区赵巷镇中步村、浙江省杭州市桐庐县环溪村、江苏省南京市江宁区双塘社区新塘村、江苏省南通市通州区十总镇十总社区（村）等，这些模范试点对于课题的踩点考察与借鉴学习提供了便捷的条件。

2. 研究的方法

（1）文献研究法：收集并整理国内外有关传统村落水系保护与利用研究的资料和经验，以及总结相关理论。

（2）历史研究法：以时间为线轴进行考察，为人类傍水而居的现象找到客观的根源与发展逻辑；再从文化的角度阐述人类关于水的认知从自然文化到人文文化的渐变过程。

（3）实地调查法：通过实地踏勘、查阅文献，分析和总结传统村落水系景观的特色与营建理念；对照现场所采集的各种资料，研究其发展脉络、演变过程以及现状问题存在的根源，用以探索村庄未来发展的趋势。

（4）多学科借鉴研究：由于科学的复杂性、交叉性，传统的静态研究方法已无法适应新条件下的乡村建设。因此本课题运用规划和建筑类型学的研究方法外，还借鉴社会学、经济学、地理学、生态学等学科相关研究成果，用生态学科的方法来建立功能化系统；用人文学科来建构符合现代人生活并具有较高境界的空间体系；用经济学科的方法创建具有活力的和谐新农村。

第二节　概念阐述

一、传统村落

1. 村落

《史记五帝本纪》中："年而所屑成聚，二年成邑，三年成都。"其注释中称："聚，谓村落也"。据考证，聚是乡以下的农村人口的聚居地，两汉时期的"聚"逐渐发展成我们今天的自然村，"村"是农业生产的聚集地。传统意义上的村落是由多个乡村聚落形成的群体，现代意义上则以农业人口为主，主要从事农业操作，少部分从事手工业并长期生活在一定农业地域的人群所拥有的生活聚集场所和生产对应空间的集中区域为村落，其范围包含自然乡村和村庄区域。村落，是人们以聚落的形式群体而居，逐渐形成的农村区域内的生存和生活环境，它包含了社会、文化、生态、形态等多方面的内容。村落又称为另一种地域社会、其地域特点是宗族聚居，世代生活居住、繁衍在一个边缘清楚的固定地点。村落属于广义的地缘单位，具有封闭性与自律性的生活与文化特点。概括起来村落具备以下特征：

（1）从结构来看，村落与城市一样都是人们生产、生活、休憩和进行文化活动的场所。

（2）从职业的角度来看，农民主要依靠土地而获得生产、生活资料，土地是其赖以生存和谋生的手段，村落和土地具有密不可分的关系。

（3）从村落社会的属性来看，无论村落大小，都会有一种约定俗成的文化在维持村落的良性发展，是一个以宗族聚居而世代相承、以亲属关系为纽带的社会。

2. 传统村落

传统村落：通过相当长时间的世代传承和文化积淀，保留了地区及历史特色的建筑群，保存着许多丰富的物质与非物质文化遗产，有一定文化内涵的村落聚居环境。

这里面包含着三层含义，一是"传统"，是指从历史延传下来的物质形态和非物质形态，这些对人们的社会行为有无形的影响作用。其次是"村"，这里是指乡村或者农村，主要指以农业生产为主的乡村社会；最后是"落"，这里是指聚落，是人类聚居和生活的场所，是人类有意识地开发利用和改造自然而创造出来的生存环境，这里聚集着为了某种目的而共同生活在一起的人们。

我国大多数的传统村落既有优美的自然环境，又有丰富的民俗文化传承，还有保护价值极高的传统建筑群。但是由于精力和篇幅限制，本文中的传统村落指的并不是所有的旧村落，此处指的传统村落必须有一定的历史性、完整性，在历史、文化、艺术、建筑、社会经济等方面存在价值的村落。同时兼具水环境景观的典型性和借鉴性，在这里把研究对象定为我国长江三角洲地区的传统村落。

二、水系

水系是指对一定河川流域内河流干流和支流的总称。包括流域内自然形成和人工开挖的流经区域的运河、渠道、河流、湖泊及水库，沼泽构成的脉络相通的水流系统。

地理范畴内关于水系的定义：流域内所有河流、湖泊等各种水体组成的水网系统，称作水系。本文涉及的水系，范围相对狭窄，是处在一定区域内的，由各种水体及承载水体的环境的总的构成。

村落水系通常包括河湖、溪流、水库、池塘和沟渠等形式，溪流、池塘和沟渠是传统村落中常见的水系形式。传统村落的水系具有饮用、灌溉、洗涤、运输、排水、调蓄、防火和防御等多种功用。尽管在现代村落中的水系功能有所衰退，但其生态和美学功能却是无法替代的。

三、水系环境

水环境包括了水域、过渡地带和周边陆地景观环境。各不相同的水域、过渡地带、周边景观组成了丰富多彩的水系环境。

村落的水系环境是与村落同时产生和发展起来的，与村落的生产生活息息相关。其是在村落地域范围内，以溪流、池塘、水库、湖泊、偃塘、水井等水为依托，满足村落特有的生产生活功能的人工景观与自然景观的结合体，具有抵御洪涝灾害功能，使群众能够安居乐业；为生活用水和生产用水提供可靠的水资源；具有景观功能，使人们赏心悦目，修身养性等。

水环境是人类智慧的结晶，是人类生存行为中利用和改造自然的主要场所之一，反映了人类改造自然和驾驭自然的能力。营建水环境的目的是为了利用、控制、引导和保护水资源，协调人与自然的关系，创建宜居的村落环境。

第二章
传统村落水系环境景观的生成原理

第一节　水系与传统村落选址的关系

一、对客观自然的选择

1.河流沿岸地势平坦

我国水资源丰富，境内大小河流不计其数，《水经注》中记载的有1252条。水流所带来的泥沙在河流沿岸不断沉淀，形成了土质肥沃、地势平坦的河谷平原。平坦的河谷平原为村落提供了建设用地。这是村落产生的必要条件。村落大都选择地势的较高点，可以避免洪水侵袭，同时村落的选址也不能离水系太远，这样不利于生产生活取水。古代相关的著作中也提到了村落的选址原则（图2-1）。

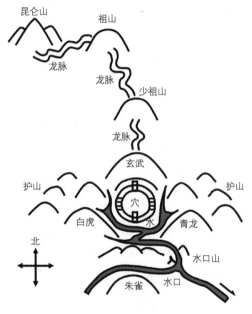

图 2-1　理想的居住场所

（图片来源：杨建绘制）

2.资源丰富

河流沿岸土壤肥沃，有利于农业生产。农业是人类定居形成村落的必要条件，是人类村落最初的支柱产业，是村落赖以生存、发展的条件。农业的繁荣也促进了村落经济的繁荣，此外就近的饮用水源也方便了村落的生活，河流湖泊等水体还提供了渔业资源。

3. 交通便利

水路交通以及陆路交通是古代主要的两种交通方式。河流及其沿岸是水陆交通最便利的场所，河流既有水路之利，河流两岸又为陆路交通提供广阔的场地，山区"古道"往往又沿着河谷展开，可以说河道兼具水陆交通之利。交通是村落发展的动力，村落为了得到便利的交通，其选址会尽量接近河流。中国大多数较为繁华的城、镇乃至村都位于水陆交通线之上，因此，多数传统村落选址依存于河流。

二、生存发展的主观追求

传统村落依水而建，首先是考虑到生存的需要，在长期生活的过程中逐渐发展成对水资源的主动利用，引水灌溉及改善村落的局部环境。

1. 临水便利生活

人对水的依赖最直接的体现便是对饮用水的需求。目前，传统村落的生活用水主要依靠自来水。在自来水供给之前，传统村落生活饮用水的供给主要依靠河流、水井及高山泉水。传统村落"背山面水"的基址环境能够给古代人类提供赖以生存的基本物资、居住场所，近水可以取得方便的生产生活用水以及水产养殖，居民充分利用江河溪谷中平整的石块作为日常生活洗涤取水的"埠头"（图2-2）。选址临

图 2-2　溪边的"埠头"是村民日常洗涤的场所

（图片来源：作者拍摄）

近溪流河流的村落地下水位高且丰富。地下水是一种清洁且便于利用的饮用水水源，因此开凿水井是众多村落解决饮用水的重要方法。也有村落利用地形的优势，将村落周边的高山泉水引入村落，注入公共池塘便于村民使用。在平原地区，多通过开凿池塘，将河水引入村子中心，方便村民取用水。

由于生产水平及生产条件相对较低，村民通常需要依靠集体的力量来完成原始的生产活动，村民一般选择聚居的形式生活。所以传统村落建筑密度通常也较高，而且传统村落建筑多为木质结构，容易发生火灾。流经村落的水系不但为村落消防提供了消防用水，还可以隔离村落建筑，成为无形的"防火墙"，使村落形成若干防火分区，避免火势蔓延。

2. 临水有利生产

农业生产为人类生存定居以及形成村落提供了必要条件。一般来说河流沿岸土地肥沃也便于引水灌溉，有利于农业生产，便于修建堰坝、水车等水利设施。取水方便也利于村落的生活，水体还提供了渔业养殖资源。渔业也是部分村落的重要产业，村落渔业主要是捕鱼和鱼塘养殖。如江南一带的村落沿河常有大量的鱼塘。这些鱼塘不但用来养鱼，还可以在汛期的时候接纳河流多余的水量，旱季补水。由此可见，具备优良的水环境，是靠农耕、渔猎为主的古人向大自然索取物质财富并赖以生存的最理想居住地。

3. 临水改善环境

水具有很强的生态作用。水体通过调节环境中的温度、湿度及通风来改善局部的微气候效应（图2-3）。由于水体相比陆地来说具有更好的热容性，通过蒸发吸收

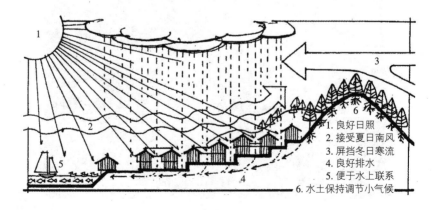

图 2-3　村落选址与生态环境

（图片来源：王其亨，风水理论研究，天津：天津大学出版社，P28）

18

热量，降低周围环境温度，增加湿度，并形成水陆风。水体还能够通过吸附空气中的尘埃，起到净化空气、改善空气质量的作用。通常水域周围的植被更为茂密，也往往形成了鸟类和动物的自然植物资源和栖息地。水中的生物还具有净化的作用，如芦苇、莲藕可以吸附污泥，养殖鱼虾以水中的浮游生物为食，可以净化水质。总之，水资源供给了人类生存和发展的基本物资。

三、水文化的深刻影响

先民在对村落基址勘测时，通常引入水文化。这些影响选址的水文化是人们在长期生产生活中获得的经验教训，经过长时间的积累逐渐成为指导人们生产生活的准则。其中重要的一点是在农耕社会时期，人类技术匮乏，生产力低下，知识不足，人们掌握的自然规律还很有限，所以对神秘的自然力量产生了崇拜，这也是人们崇拜自然的朴素观念的体现。

中国传统水文化的形成，大致受到以下六个方面思想的影响：①帝王对神仙境地向往的思想，将水视为太液池；②古代哲学思想，视水为五行中的德行；③对自然山水的崇拜，诗人与画家热爱山水，宣传"智者乐水，仁者乐山"；④风水思想，认为水可止风界址，还可聚财，保佑人财两旺；⑤经济实用思想，认为水是万物之源、万木之本；⑥水利工程，如大禹治水、都江堰水利工程等历代重要水利设施。其中又以对水的崇拜、古代传统文化关于水的思想、风水思想的影响较为深远。

1. 对水的崇拜

人们生活在依水而建的村落中，不仅感受到"水"给生活、生产带来了巨大的便利，也常常面临着山洪暴发、河水泛滥而造成的财产和生命的巨大威胁，而且干旱也会给村民生产生活带来损害。农耕时期，生产力水平低下，人们掌握的自然规律还不足以控制自然力，只能乞求自然的恩赐。对自然雨水的依赖，使人们对于水的变化无常表现出的种种心理，逐步转变成一种自然宗教并以不同的形式传承下来。如"龙王庙"，是对龙王的崇拜更多地表达了人们对"水"的敬畏之情，而"灵水娘娘庙"，表达了村民对滋润着村落的水源的感激之情。

2. 传统文化的影响

儒家思想的创始人孔子认为水能引发人们对世间伦理道德的思考与感悟，因此，水以一种比物比德的方式存在于儒家学派的思想中。最为大众熟知的"仁者乐山，智者乐水；仁者静，智者动"出自《论语·雍也》。孔子的这段话借山水来隐喻人格，引导人们通过对山水的真切体验，把山水比作一种精神。这里天地山水等自然景物成了"君子"观照的对象，能够象征人高尚的道德品质。儒家这一借水来"比德"式的说法，对中国特有的山水审美文化产生了巨大的影响，儒家先贤借水表达着对人生的感悟、对世界的感知、对运动着的世间万物的理解，赋予水无尽的人文内涵。

中国另一哲学流派道家对水的态度则更强调尊重自然，认为"人法地、地法天、天法道、道法自然"，人只有顺应自然才能感悟天道，并以"水"寓"道"，他认为"道"的秉性与水最为相似。"上善若水。水利万物而不争，处众人之所恶，故几于道。"道家重视自然的哲学观，形成了中国人特有的价值观和对美的追求目标。以至于中国人自古就强调水环境的自然本色及其自然生态条件和功能，强调对自然水景特征的概括、提炼和再现。最能体现这一思想的便是中国的古典私家园林，在对水自然形态的表现上，重点不在于规模大小，而在于突出"虽由人做，宛若天成"的意境，追求的是一种理想化的自然景观效果，反映了人们融入自然的心态追求。

水作为人与客观事物、人与情的对照物，渗透着古今仁人志士对客观世界的感悟。有形的水被赋予博大精深的人文精神和文化内涵。山水画是人类认识自然美，重现自然美的表现形式之一，用以表达人类对自然的认识及情感。山水画以自然为范本，是人类对自然的人化过程或人的自然化的再现，它不仅表达了"物镜"，也包含了"意境"的表达。山水画中，巍巍青山、小桥、流水、亭台、楼阁等景物，是古人对自然山水的认识，也是古人心中理想居住环境的蓝本。山水画不仅是对自然的抽象再现，更强调其深远的意境，对传统村落的营造有深远的影响。

第二节　传统村落水系的功能

水是人类社会及其历史文明存在与发展的最为基本的物质资源之一，同时也是自然界一切生物生存的根本物质条件之一。水能够促进树木、庄稼的生长，提供人类维持生存的许多生活资料；众多的动植物生长于水环境中，促进村落水产养殖的发展。水系在蓄积雨洪、分流下渗、提供行洪空间、提高可蒸发量等防灾方面显示着强大作用。水系环境景观空间作为村落中的社会活动场所，具有典型的社会功能，为人们泛舟、垂钓、游憩等休闲娱乐活动提供了良好的场所。现阶段村落水系的功能大体可以概括如下：

一、生活供水

在我国古代农业经济社会，水源是古村落存在与发展的基本前提，它是村落稳定和发展不可或缺的因素。

　　传统村落的饮用水主要依靠地下水供水。挖凿水井成为我国古村落解决生活用水问题的主要方式，同时也是最实用、最普遍的利用形式。一般井眼多位于山脚、田边或溪流边，也有位于半山腰或更高的地势，多是土壤水或潜水经自然的多层过滤之后渗透到井内，形成人们生活饮用水的重要来源。村中水井大多以公共形式供村民使用，合理设置水井的服务半径是解决村落居民饮水问题的关键所在。为了避免浪费和污染，在井口的周边设置有一圈明沟，用以收集取水过程中不可避免而浪费的水资源，水的回收与渗透之后重新补充地下水（图2-4）。随着社会与经济的发展，生活基础设施更加完善，很多村落已经安装虹吸软管，将古井的井水直接引到各家各户厨房的水缸内，方便了村民的生活。

　　民居生活饮用水除了井水之外，有的利用地形高差将山涧泉水、溪水引入公共取水池或直接引至每户家中饮用，这一传统的做法一直延续至今。以前常就地取材，用竹筒引水进村，直至每家厨房。现在常改用水管，并将水管埋于地下，配合自来水龙头控制水流，大大地提高了生活的便利程度，使村落更加宜居。

图 2-4　水井是村民生活不可缺少的设施之一

（图片来源：互联网）

二、水运功能

　　我国古代农业社会生产技术水平较低，交通工具及其运输方式也相对简单。水路运输具有运量大、占地少、成本低而且方便等特点，是相当重要的交通方式之一，在水网地区水路运输地位尤其重要。粮食、布匹、茶叶、柴草、砖石等居民生活用品及村落建设等所需的物资，可以经支河水巷直接运到房前屋后，从而在一定程度上减少了奔波劳顿之苦（图2-5）。传统村落居民在利用自然水系的基础上，常辅以疏浚或者拓宽，建设水埠码头，甚至直接人工开辟运河，使出行便利，百货齐集，这些行为活动极大地促进了村落的经济发展，村民的生活质量由于水运而得以提高。

图 2-5　河流是乡村物质运输的主要通道

（图片来源：互联网）

三、水利生产

1. 灌溉农田、水产养殖

我国传统村落的经济以农业经济为主，农业生产是一切经济活动的基础，是人们的生活根本。而水资源对于农业生产的发展来说又是极其重要的条件之一，无论是农田灌溉、菜畦浇水，还是家禽畜养、水产养殖等生产活动都离不开水资源（图2-6）。传统村落居民利用临近的水源及其丰富的水生植物、鱼类资源发展当地农耕经济，同时也形成了具有地域特色的水系景观。江南水乡盛产一些食用性水生植物如荷花、茭白、芡实、菱角等，居民利用这些水产发展当地特色经济的同时，也形成了富有地方特色的水系景观。

2. 排涝蓄水

行洪排涝、汛期宣泄洪水是村落水系最基本的功能。传统村落中交织成网的水圳、人工修筑的沟渠、零散分布的水塘以及荷花塘等都具有一定的蓄水能力，而自然溪流、人工水巷以及池塘沟渠共同构成的水系能够起到良好的排洪作用，从而使得全村避免遭受洪涝之灾（图2-7）。如诸葛村的钟池是村落中各种水系的最终去处，同时提供全村的用水所需。既解决了居民的用水需要又避免了其遭受洪涝之苦，是传统村落水系建设的典范。

图 2-6　水产养殖

（图片来源：互联网）

图 2-7　具有排水功能的村落水圳

（图片来源：互联网）

四、防御防火

1. 军事防御

传统村落的选址除了要考虑村落与周围环境的关系以便方便生产生活之外，还要考虑村落的安全防御因素，这样才能使村民安居乐业，村落长治久安。中国古代社会政治动荡，战火频发，民不聊生，人们渴望远离战祸之地，寻求世外桃源以安居。出于对战争的防范，古代村落很重视基址的安全性，常利用天然的天堑，或借助人为工事，如利用自然水系与河道或壕沟的挖掘来形成防御之势，其目的都是为了构筑村落的防御系统以保一方水土之安宁与稳定（图2-8）。这一点也可以从我国现存的一些传统村落遗址中可以得到证实。

图 2-8　利用天然河道形成防御之势

（图片来源：陈笑天拍摄）

2. 防火

由于我国传统村落建筑多以木结构为主，极易引起火灾。穿梭于村落中的水系既可以起到隔离火势的蔓延，又能提供充足的消防用水。这种作用尤其在没有先进消防器材的古代是至关重要的。如果溪流、水川中的水量不能满足灭火的需要，散布在村落中的水塘、居民置于天井中的太平缸等是其有利的补充（图2-9）。这些水

图 2-9　天井中的太平缸

（图片来源：作者拍摄）

塘、太平缸平时可用于收集雨水作为生活等各方面之需。

五、生态功能

1. 水体自身的生态作用

水具有很强的生态作用，而且廉价、有效、长期起作用。水不仅是消解净化乡村污染物的场所，是污水降解净化的天然场所，水还能调节空气湿度和温度、消除粉尘、净化空气、增加氧气含量，改善村落小气候。水系廊道还是水和各种营养物质的流动通道，是各种乡土物种的食物资源和栖息地，具有维护大地景观系统连续性和完整性的重要功能，有效调节村落的生态系统，促使传统村落持续、健康地发展（图 2-10）。

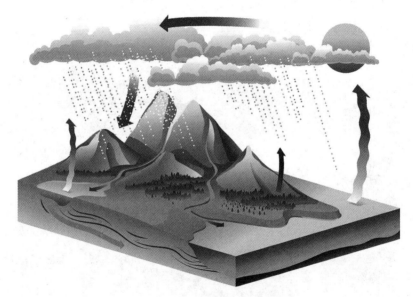

图 2-10　水流和水体自身的生态循环

（图片来源：互联网）

2. 水环境的生态可持续性

（1）利用水生生物净化生活污水达到水的循环利用

水系能够改善村落的居住环境，为村落创造宜人的景观。古代很多村落在选址的时候，总是先确定水源的情况，根据水源的具体情况来对村落进行相应的布局，以达到对水资源的充分利用和可持续发展。

传统村落的给水体系与排水体系一般采用分流设计形成网络。村落中由点、面污染源、污染物质进入水系生态系统后，因水流缓慢而沉积，水系植物根系的复杂微生物活动（如好氧、厌氧、吸收等）可将水中的污染物质分解，使水质得到净化。芦苇的根系可吸附水中氮、磷等多种污染物质。水生动物可吃掉浮游微生物，来净化水质，降低污水排放。尤其是对生活污水采用生物净化处理方法，从而提高水的重复利用，减少对环境的污染。如皖南地区，人们开沟凿渠，引水入村，溪水沿水圳穿村过巷，潺潺的水流供村民取用，最后产生的生活污水流入村中池塘或湖面，湖中种植莲藕，对水质起到一定的净化作用，最后流入地表田间，有利于水产养殖和树木庄稼生长（图2-11）。这种水的可持续利用的生态理念，构成了良好的水资源生态循环系统。

图 2-11　宏村南湖利用水生植物净化污水

（图片来源：互联网）

（2）利用水环境中土壤的透水性促进水资源循环

传统村落中，地面的铺设常常就地取材，多使用当地常用的碎砖、碎瓦以及其他天然石材，构成富有地方特色的图案花纹。这种利用天然石材碎拼的铺法形成了很多孔隙。夏天温度高时，地下的水分会通过空隙被蒸发带走，从而起到降低气温的作用。雨天时，这些空隙可以渗透一部雨水进入地下土层，促进水资源的循环（图2-12）。这种对水资源的生态处理和利用的方法，使传统村落人居水环境不断弥新、生机常在，是生态可持续发展的朴素表现，对今天的环境保护也同样有着借鉴作用。

图 2-12　南浔古镇古朴自然的铺地

（图片来源：互联网）

（3）对水源地植被的保护

对水源地植被的保护既是保护水源，也保证了村民的用水卫生。我国南方村落附近一般会保留一块林地，常种植松柏类、樟树、楠木等树木，尤其在村口池边，除了种植树木之外，还配置花卉，修建园林，形成水口园林，使村落掩隐于绿树黛碧、青山四合之中。水口园林既保持了水土，也是水资源净化及循环利用的有效保障。

3. 利用水体对空气的调节作用促进人居生态环境的改善

（1）改善居室的小气候

我国传统民居常以院落的形式呈现，院落天井内一般设有水池、水井等点状水系以满足日常生活需求。这些院落内的水池、水井可以改善院内小气候，成为建筑室内外一个比较重要的气候缓冲带。尤其是在南方炎炎夏日，天井在满足采光、通风的同时，更增添一份湿润和阴凉。江南地区常有宅的主人在厅堂等地方掘井，其主要目的是为了调节室内微气候，创造舒适的居住环境（图2-13）。在北方地区，为了弥补缺水的缺憾，往往在院中央置荷花缸、鱼缸等，以增加水的情趣，同时也是保证室内温湿度恒定的好方法。

图2-13　嘉兴月河街的院落空间

（图片来源：陈笑天拍摄）

（2）改善村落的局部气候

传统村落中，建筑的营造常依托水而进行，尤其在以水取胜的江南，水体成为改善居住环境的重要生态因子之一。为了更好地方便生活及利用水体的生态效应，水乡的民居尽可能地临水而建，形成许多垂直与河道的街巷，起到引风通风的作用，将室外水面上的凉风引入村落深处，排除湿热，改善空气质量，营造良好舒适的居住环境。另外临河建筑在朝向河道的一面常设有一排可以完全打开的、通透的花窗（图2-14）。冬季有阳光入室可取暖，而夏季河面上的凉风可穿堂过室，起到消暑降温的作用。

再如徽州村落入口的水口园林，不仅冬季能挡风御寒、夏季遮阳庇荫，也能涵养水源，净化空气，成为当地人休闲纳凉的好去处。

图 2-14　沿河通透的花窗，冬可取暖，夏可降温

（图片来源：互联网）

六、文化载体功能

　　水系往往是村落的发源地，文化赋予水系丰富的历史印痕，构筑村落历史文化追忆空间。在传统村落中，往往根据地形的变化，在村落的中心建有池塘，池塘的四周环列宗祠、书院、寺庙等重要的公共性建筑形成以池塘为中心的村落中心。这些空间是村落重要的文化纪念活动空间。水井是村落生活中必不可少的要素之一，每个水井一般都服务于一定数量的住户，形成了若干个以水井为中心的块状聚集地。而流淌在村落中的溪水则把散落在村落中的点状、片状水系联系起来，如井、池塘等，把原来孤立的各景点组织到统一的水系网络中来，形成富有地方特色的水系环境景观空间（图 2-15）。

　　传统村落中的水系环境景观空间虽然比不上街道那么繁华热闹，但也是居民生活的主要场所。在传统村落中，建筑一般沿溪流而建，溪流是居民生活、生产用水的重要来源，并为居民提供养殖场所。居民在溪边淘米、洗衣、挑水、装卸货物等活动，伴随着家长里短、说近道远、评议大千世界，水系空间成了居民日常交往的重要空间，也是最富有生活情趣的场所之一。

图 2-15　宏村的月湖是宏村的象征

（图片来源：互联网）

七、景观功能

村落中的水体形式各式各样，均以水道、溪、湖、塘、潭、池、泉、井等形式存在，形成了瀑布、跌水、水帘、缓流、湍流、激流、射流、膜流、静水等各式的水体形式。水极具可塑性，并具有可静止、可活动、可发出声音、可以映射周围景物等特性，可单独作为艺术品的主体，也可以与建筑物、雕塑、植物或其他艺术品组合，创造出独具风格的景观。丰富多变的水体形态、色彩斑斓的光影效果启发人们去思考去想象；清新的空气调整着人们的精神和情绪；动植物的共生共存让人们体会大自然的丰富与可爱；丰富的历史文化遗迹让人们凭吊古今、感受往来；以水为载体的水上活动不仅具有强身健体的功能又具有休闲放松的作用。水体的聚散、荡漾、波光十色，听流水潺潺、泉水叮咚，看湖光山色，池塘鱼草都使人心情或愉悦、或舒适、或激昂（图2-16）。

图 2-16　奔腾的溪流给人愉悦的视觉感受

（图片来源：杨国群拍摄）

第三章
传统村落水系的形态类型及其构成要素

第一节　传统村落水系的形态类型

水是传统村落基址选择的首要因素，"无水不成村"乃是我国传统村落形成与发展过程中的普遍现象。水体本身是无色无形的液体，但是可以通过盛它的"容器"来确定水的形态。这就形成极其丰富多彩的水系形态，从形态学的角度来看，水的形态可以归纳为点状、线状、面状三种形式。这里所确定的三种形态的水系并不是绝对的，而是相对于研究区域而言。在某个区域中也许是面状水系，而在更大的区域中，它可能就是点状水系。因此，本章节讨论的点、线、面状水系是基于村落的层面进行分类研究的。

一、点状水系景观

点状水系指的是几何形态相对较小的水系且在形态上呈点状，它与面是相对而言的。在村落中点状水系通常是指泉、水井、人工修筑的较小的水池等。

1. 水塘

水的景观作用毋庸置疑，这不仅从中国古典园林中可以得到证明。传统村落中，建筑的密度通常较大，若能在房前屋后或院落中见到一汪水塘，会使人感到心旷神怡，豁然开朗。村落中的水塘有的四周环列宗祠、寺庙、书院等重要公共建筑，形成了以水塘为中心的村落公共中心，赋予水塘浓厚的地方特色。

（1）风水塘

风水塘常常与村落的公共建筑如宗祠、寺庙、书院等在一起，一般位于这些公共建筑的正面，形成前塘后村格局（图3-1）。一方面体现了宗祠、书院、寺庙等建筑在村内的重要地位，另一方面也认为其可"主科甲"或"主聚财、避邪"等，因此开凿水塘以此寄托心中的美好愿望。有些村落的村民会人为地在村落前面修筑池塘来祈求好运。池塘对于传统村落居民的生活具有非常重要的实用意义，可以集蓄雨水、供生活洗涤、田园灌溉与水产养殖等用水所需，与此同时，塘底厚厚的淤泥可以用作苗圃、菜畦、稻田肥沃的有机肥料。

（2）池塘

在传统村落中通常分布着大小不一、形态不同的池塘。它们一般顺应地形分布，有的分布于村落内部，有的分布于村落外围。这些池塘集供给用水、抗旱排涝、

图 3-1　新叶古村文昌阁前的荷花塘

（图片来源：互联网）

防火避灾、调节气温、装饰庭院等功能于一体，同时也为村落的水资源提供重要的补充。

2. 水井

　　水是人类不可缺少的资源之一，在各个村落，作为提供饮用水的井，成了必不可少的设施。传统村落水井常位于街头巷尾且远离水源的地方，方便居民生活的同时也利于村落的消防安全。尤其是在广大的农村地区，人们生活所需的饮用水大多从水井中取得，井周围建筑围合成的开敞空间，也逐渐成为传统村落水系重要的构成要素，村民在此洗衣、淘米、洗菜等，并相聚在一起谈天说地，也是别有一番趣味的。对于规模较大的传统村落而言，水井的功能价值显得尤为重要。由于家家户户都离不开水井，因而它也成为联系各家各户的纽带（图 3-2）。后来，随着传统村落社会

图 3-2　村落中的水井

（图片来源：互联网）

与经济的发展，水井的作用趋于弱化，尤其是近代以来，村民不再单独依靠水井提供饮用水，或者直接利用管道将井水引到各家水缸中，这在很大程度上削弱了人们对于水井的维护，致使水井遭到破坏。

二、线状水系景观

溪流、小河、水圳、沟渠等都可称之为线状水系。线状水系多结合地形高差，将附近的山水或河水引入村落，形成线状水系为主的空间结构，由于沟渠河道纵横、空间曲折，可形成家家有流水的迷人景色。线状水系的排涝功能较为重要，可以将村落积水排泄到自然水体，同时也能暂时滞蓄雨水。

1. 水圳

水圳是南方聚落中常见的人工构筑，是用来灌溉良田兼有生活保障功能的水渠（图3-3）。水圳将村落附近的天然水系引入村内，供村民生产生活使用。同时也起到排泄洪水、排放日常生活污水，构建景观环境、调节生态气候等作用。水圳规划建设时强调均匀分布的原则，这样能够保证村落各处用水、排水的均匀性。水圳在村落中多呈线状分布，蜿蜒穿梭在大大小小的村落建筑群之间，如同村落中奔流的血管，给村落带来了四季不断的潺潺清泉，给安详宁静的村落增添了生机和动感。数百年来，水圳之水已成为传统村落中须臾不可或缺的水源。居民在日常生活中竭力避免将脏污之物扔入水圳之中，尽可能减少由人的行为活动给水环境造成的污染，以此保持水体的清洁。

一般而言，蜿蜒曲折的水圳通常都与四通八达的巷道相伴而行，共同构成村落纵横交错的主要网络。水圳的宽度不同，一般而言在主要道路两侧的水圳较宽，起到主要排水的作用。而村落次要道路旁边的水圳较窄，起到辅助排水的作用。水圳的流向在一定程度上也影响着古村落建筑群整体空间形态的走势。传统村落在营建屋舍的过程中，将屋舍顺应水圳之尚曲而建置，从而形成了灵活多变的朝向和千姿百态的外观，与此同时也促成了传统村落千变万化却又和谐统一的景观空间。

2. 溪流

溪流与江河、池塘不同，它既没有江河浩荡的气势，也没有池塘的静谧安详，它小巧蜿蜒，充满活力。溪流与村落的空间关系主要有两种，一种是溪流沿着村落的边缘涓涓地流过。这种情况多出现于地形复杂多变的地方，民居建筑傍山而建，依地形起伏而参差错落，并通过台阶而直落溪边。溪流边的村落不仅可以获

图 3-3　新叶古村中奔流不息的水圳

（图片来源：作者拍摄）

得方便快捷的用水供应和水运交通，还可以漫步于山石林泉之间，感受浓郁的乡土芬芳与自然情趣。另一种是溪流于村落中间穿流而过，房屋住宅依稀散落于溪流两岸（图 3-4）。穿过村落内部的溪流，虽然受到一定的人为活动的干扰与破坏，自然情趣有所减弱，但依然可以起到某种调节气氛的作用，而使村落景观富有独特的生机、活力和情趣。

三、面状水系景观

平整宽阔的天然或者人工水面都可认为是面状水系，村落中的面状水系通常指水口、大的基塘、水池等。面状水系是村落蓄水及水产养殖的重

图 3-4　夹溪而建的村落

（图片来源：作者拍摄）

要构成要素，是村落绿色基础设施的一部分。

1. 水口

　　村落水口是指天然水系流入或者流出村落的出入口，常被视为"村落的门户与灵魂"。水口大都依山川天然的走势而建，一般都是在植物茂密、自然山水优美的地方修建，此外在水口处还会辅助建造些富于人文气息的建筑，以庙、亭、堤、桥、树为主，形成独特的水口景观空间。水口，作为传统村落水流入与流出的重要关隘，是界定村落的区域，标示村落的出入口。它能增加人们对居住环境的安全感和领域感，满足村民的防卫心理需要，也是村民祈求平安、庇护的场所。与此同时，水口林还具有吸附沙尘、固定土壤、涵养水源、净化空气的生态作用。

2. 荷花塘

　　荷花塘常位于村落的一侧，面积较大，视野开阔，常与田地接连（图 3-5）。荷花塘不仅有蓄水、防洪的作用，其柔美景象更是村落一景。当满池的荷花挺出水面而争奇斗艳之时，"接天莲叶无穷碧，映日荷花别样红"的景象让人流连忘返。

图 3-5　乌镇村落一角的荷花塘

（图片来源：作者拍摄）

第二节　水系环境景观的构成要素

本文将传统村落滨水景观的构成要素分为自然要素、人工要素两个部分，这两种要素相互联系、相互作用，共同构成了传统村落独特的水系景观。

一、自然要素

1. 水

传统村落水系是古代人民智慧的结晶，也是村落居民朴素审美观念的外化。古人对水的审美意识和观念通过村落水系中水的各种不同形式、形态真实而具体地反映出来。

水有极为丰富的表现力，具有形状、光影及音响吸引力，有着无与伦比的可塑性。水的形状、形态具有自由性。水的形态在很大程度上取决于气候与地形，它是随着地势的变化而发生变化的。因此自然界中水的形态丰富变幻，奔腾的江河、宁静的湖泊、潺潺的小溪、壮观的瀑布……可谓千姿百态。水有动静之分。我国传统村落中具有多种静态的水体，如池、塘、湖、堰等以蓄水为主要功能的相对静止的水体以及水流平缓的小溪、河流等。静态水给人以安静、祥和、稳定感，令人遐想沉思。动态的水体如跌水、瀑布以及奔腾河流、激流山泉等。动态的水创造了大自然的活力，可以给人以动态激荡、激情澎湃的感觉。江南水乡终年溪水潺潺，水流和水声，渲染了整个村落空间环境气氛。水又具有虚灵之美，一般是指水中倒影之美，它是真实的、也是变形的、更是虚幻的。在村落水系的碧波荡漾之中，小桥、碧树、人家，它们的形、影、色、光倒映其间，呈现出真假莫辨、虚幻缥缈、灵动不定的水之美景。

同时，曲折多变是自然界中水的常态，水的这种自然形态历来被古人所喜爱。不仅如此，曲线的形态可以使人感觉到轻快、活泼，给人以变化的视觉感受，与直线的刻板、单调相比，它更能够激起人们的探索欲望（图3-6）。《园冶》中就有记载关于古人对尚曲之美的描述："随形而弯，依势而曲。或蟠山腰，或穷水际，通花渡壑，蜿蜒无尽"。

2. 水域地貌

长江、黄河、珠江等诸大河流，在广袤的土地上奔流，造就了许多肥沃的平原，

图 3-6　轻快活泼的自然之水

（图片来源：杨国群拍摄）

形成了丰富的水域地形地貌。这些地形地貌又反过来作用于水域：起伏的地形、弯曲的水岸能够减弱、消耗洪水的冲击力，从而保证河床形态的稳定；滩涂和沼泽地又如同天然的蓄水库，通过不断补给地下水来平衡河流水量，减少下游的洪水量，同时在下渗过程中起到过滤改善水质的作用。地形还可以影响地表径流，径流量、径流方向以及径流速度无不与地形有关。一般来说，地面越陡，径流量越大，流速越大。地面太陡会因流速大、快而引起水土流失，而几乎没有斜坡的地面会因不能排水而引起地面积水。

地形还是空间重要的构成要素，是水域所有室外活动的基础。通常我们把山谷、高山、丘陵、草地、平原等这些地表类型称为大地形。从空间设计的角度来讲，地形包含土丘、台地、斜坡、平地或因台地和坡道所引起的水平面变化的地形，统称为"小地形"。起伏最小的地形叫微地形，它包括沙丘上的微弱起伏和波纹，或是道路上石头或石块不同质地的变化。总之，地形是外部环境的地表因素。

3. 水岸线

陆地和水面分界的岸线由于受水流不断地冲刷形成凹凸不同的状态，从而形成不同的水面空间：①凹湾水面。其空间向内收缩，具有较强的内聚性及稳定性；②凸岸水面。空间层次丰富，并向外扩张，视线开阔；③岛式。空间漂浮于水面上，具有很强的独立性，扩展感强。

水岸线是水体和陆地的边界，又是人们与水接触的支撑点，是决定水面和陆地形态的要素。传统村落中，临近建筑的河道，其水岸线多为人工修筑的石驳岸，常由毛石或条石砌成。石驳岸比较坚固，它可以起到挡土墙的作用，保护街道不受水流侵袭，同时对临水的建筑地基起到防护作用。传统村落中石驳岸多采用毛石干挂的砌法，石块与石块之间多留有缝隙，这些缝隙为微生物留下了生存的空间，同时也为河水与陆地之间的物质交换提供了可能（图3-7）。

自然式的水岸线其岸边常以砂石堆积或自然植被覆盖为主，这种水岸线在乡村郊野地方比较常见，其水系两侧的陆地部分多为缓坡，是在水系的自然生长发展过程中逐渐形成的。

图 3-7 村落中毛石堆砌的驳岸边长满了植物

（图片来源：作者拍摄）

4. 水域植物

植物是水系的一重要组成部分。无论是静态的塘、池，还是动态的渠、溪，在水岸边、水面上包括水底都生长着丰富的植物。河流水域由于环境湿润，河岸一般生长喜水的植物，在我国传统村落中多种植柳树、桃树、榕树、洋槐树、枫杨等，亦有鸡爪械、无患子、红枫、乌桕、柿等春秋色彩绚丽的植物，具体与当地的气候条件及居民的风俗习惯有关。水面部分多种植湿生、水生植物，以芦苇、菖蒲、菱角、荷花、睡莲等草本植物为主，它们能够对水中的污染物起到一定的降解作用，保证居民的用水安全，也给各种鸟类、昆虫提供了生态庇护所。农作物作为水系景观植物的现象十分普遍，这也成为乡村滨水景观的一大特色。有些水生植物还是当地重要的经济作物，如芦苇是重要的造纸原料，莲、藕、菱是营养丰富的副食品，湿生植物、水生植物还是河流生态系统的一部分，它们与水中的藻类、鱼类及一些甲壳动物甚至岸边栖息的鸟类一起构成稳定的河流生态系统，营造和谐的、充满生机的村落水系景观（图3-8）。

图 3-8　充满野趣的水景

（图片来源：黄亮拍摄）

二、人工要素

1. 桥及桥头空间

桥梁是人类跨越山河天堑的技术创造，给人类带来了许多生活和交通的便利。

人类早期的村落多是临水而建，所以桥自古以来就是人类社会不可或缺的一种构筑物。它是水路、陆路交通的交汇处，也是休憩、观景的场所。建设桥梁多根据当地地形、水系、交通所需，因地制宜、就地取材建设桥梁。桥的功能不同，其形式也不尽相同，分为拱式桥、梁式桥、索桥、浮桥、悬臂桥、汀桥等。江南传统村落中最常见的就是拱桥，这种桥，上可行人，下可通舟，非常适合水乡居民的生活（图 3-9）。桥体横卧溪水之上，将本是狭长、封闭的带状水空间进行分割，使被水体分割的两岸得以沟通联系，桥体坐落于要道之上，方便村民往来。桥梁除了可以解决交通问题，还可以具有防御性功能、纪念性功能、商业性功能和游览性功能等。传统村落中的桥常与主要道路相连，多位于空间比较开阔的边缘地带，桥头附近是人们活动频繁的地段之一。过往于桥上的行人，无论上下桥都要经过桥头，商人在此摆摊设店招揽顾客，特别是经营小吃或酒店，更加吸引过往行人的驻足。另外，桥头交通方便，过往行人川流不息，还适于设置公共码头，可停泊舟船，还可供人们淘洗，又增进了人们的日常交往。

图 3-9 江南古镇的拱桥，上可过人，下可行舟

（图片来源：作者拍摄）

2. 堰

堰是为了截流蓄水或调节河流的水位和流量而建造的一种水利工程构筑物。

村民们在河道、溪流中建设各种形式的构筑物，以利用水资源和控制过境洪水，并使水流在上游形成水库蓄水，或将水流按高程分段拦截蓄水来满足村落生产和生活用水需求。雨季这些构筑物还可拦截和分流洪水，减少流到下游的洪水量（图

3-10）。例如举世瞩目的都江堰水利工程，就是我国人们改造、利用水利的智慧范例。传统村落中虽没有像都江堰这样闻名于世的水利工程，但这种溪边最常见的构筑物也是古人智慧的结晶，是人与水和谐相处的经验传承。

图 3-10　婺源村落中的堰

（图片来源：作者拍摄）

3. 水街（水巷）

水街最初的用途是水路运输，水路运输既经济又实惠，为发展经济提供方便的运输条件，同时，也为了生活用水的方便，水街两旁兴起了很多商铺和住户，从而形成以河道作为主要交通及生活空间的水街。水街是传统村落水景最为特别、也最能给人留下深刻印象的建筑空间，建筑有层次序列地排列在水系周边，形成幽静延绵的纵深空间。水街一般不是很宽，临水街两侧的建筑物一般可处理为两种形式：一种是建筑物紧临河岸，除了自家建筑物的后门可通过台阶下至水面外，其他人很难接触到水边，此种形式的水街只有从桥上或行船于水中时才能领略水街的风光；另一种是沿岸边的一侧或两侧，建筑物后退一段距离，在建筑物与岸边留出一条很窄的通道，人们可通过通道下至水面，也可在通道上欣赏水街的风景。这类通道大致又分为两种形式，一种是有檐顶遮盖的街道。檐廊一面紧接沿街建筑，一面则镂空开敞或设有美人靠，供人休息。檐廊的作用是雨季遮雨、夏季庇荫。既有良好的景观效果，又满足了使用功能。在这里既可以购物，又可以向外领略水景和对岸的风光（图 3-11）。另一种是无遮挡的街道，其地面铺装材质多为当地盛产的石板材或鹅卵石，亲切朴实（图 3-12）。

图 3-11　武夷山村落水边连廊

（图片来源：作者拍摄）

图 3-12　南浔古镇的水街

（图片来源：郑洁拍摄）

4. 水埠

水埠其实是在村落的周边及内部的江河、池塘边利用石块等材料砌成供人洗涤或泊船的埠头，也可以理解为小型的村落码头埠。水埠是村落水系景观重要的形态特征符号之一。村落中的码头与沿海码头不能相提并论，村落水系本身就不宽，过往船只体量也小，埠头虽小但其功能繁多。传统村落的埠头，有的叫河埠头、水埠、水码头、踏道等等。水埠常设于驳岸上，由于防洪的要求，驳岸常高于水面，为了便于贴近水面，必须入水建造台阶。水埠是沿水村落人家日常生活不可缺少的建筑场所，其功能曾经是水陆交通的交接点，也是亲戚朋友迎送的礼宾台，人们在此汲水、洗涤、停泊、交易、运输，是人与水联系的纽带，俗称"水桥头"。埠头材质多采用当地盛产的卵石、石板、石块，根据河道规模、出入口位置来决定埠头的形式、大小和走向。埠头构造大体分为嵌入式或凸出式；根据人流量的多少，埠头可做成八字式的或单道式的；根据水街与河面高差的大小，埠头可做成单道式的或回折式的。埠头的踏阶有时凌空悬挑、有时靠墙实砌。村落中的埠头有的是私家埠头，仅供一户人家使用，有的是几户人家合修合用的半私用埠头，有的则是供整个村落共同使用的公共埠头，也常常作为水上交通的码头（图 3-13）。

图 3-13　沿水的埠头

（图片来源：陈笑天拍摄）

5. 井台与小溪边

　　井除了提供饮用水、生活用水外，还是洗衣、淘米、洗菜等村民聚集的空间。为了村民取水或者洗刷衣物更加方便，同时也为了收集汲水过程中不可避免而浪费的井水，通常会用条石或者石板筑于井的周围而形成井台空间（图 3-14）。人们的生存与村落的发展都离不开水源，井台以其独特的功能作用而成为联系各家各户的天然纽带。另外，流经村落的小河、溪流常常是妇女洗衣、儿童戏水的场所，也是村民聚集的地方，更成为村落水景观中的聚焦点睛之处（图 3-15）。

图 3-14　婺源村落中的水井

（图片来源：作者拍摄）

图 3-15　溪边是妇女洗涤的场所

（图片来源：作者拍摄）

6. 水亭

"亭"是中国传统建筑的古老形式之一。传统村落中的亭除了观赏功能外还具有使用功能，它是村民休憩纳凉之处，还可防晒、避雨。亭多修建于溪边、池塘边，有的建在溪流的汇集点，也是村民外出回乡的歇脚处（图3-16）。传统村落中的亭形象简朴，多以石材、砖瓦、木材制成，原有雕花、绘饰历经千百年后变得古旧，与自然环境浑然一体。村落中还有一种很独特的亭，因建在水井之上，称之为井亭，并在井亭周边修建守护水井的石雕神兽，这也是古人崇拜水思想的体现。

图 3-16　婺源李坑溪边的亭子

（图片来源：作者拍摄）

第四章
水系与村落空间形态分析

第一节　水系与村落布局的关系

传统村落的生产、生活都离不开水。水系的形态直接影响着村落的空间形态、路网结构以及建筑布局。传统村落从整体形态到内部景观，都建立在对水体的利用和适应上。

一、梳式村落

梳式村落是常见的典型村落。村落常为前塘后村的格局，建筑呈组团分布，南北排列，相邻建筑之间是巷道。巷道是村内主要的交通道路，夏季可通风，冬季可挡住西北风，改善村落的小气候。巷道如同梳齿一般，使村落的空间密而有序，整体的空间形态类似于梳子故称为梳式村落。梳式村落的水系常以村落前的面状水系为主（图4-1）。

图 4-1　诸暨市小里陈村

（图片来源：互联网）

二、块状村落

村落周边不规则地分布着大小不一的水塘，村落建筑集中布置，用地比较紧凑，并以巷道划分区块，村落整体的伸展轴较短。宗庙、祠堂等公共活动中心布置在临河一侧。巷道是村落内部的主要交通道路，也是村落与外界联系的媒介。块状村落的水系空间形态以面状水系为主，面状水系不规则地分布在村落周边（图4-2）。

图 4-2　湖州市戚家村

（图片来源：互联网）

三、线状村落

该类型村落依河而建，在河流的一侧发展，建筑沿河道排列，或临水而建，或与河道之间以街道相隔，整体呈线状分布。村落的祠堂、宗庙以及公共活动中心等都布置在沿河一侧，具有良好的环境景观。平面上呈狭长的长条形状，用地较分散，紧凑度小，有两个方向的伸展轴，建筑之间通过巷道分割，巷道多垂直于河道。巷道除了具有组织村落内部交通的功能外，还具有排水功能。巷道边上常设有排水沟，利用与河道垂直的巷道，组织地表径流快速排到周边水体。线状村落的空间形态类似于梳式村落，其水系空间形态主要是以线状水系为主，也有局部的面状水塘（图4-3）。

图 4-3　湖州市勤益村

（图片来源：互联网）

四、网状村落

　　网状村落多存在于水乡地区。水乡地区河涌水渠交织密布如网，村落被河道分割沿河道向各个方向发展，各区块之间主要通过桥梁、船只来连接。河道既是村落的排水通道，也是村落水上交通的要道。这种布局在江南水乡中最为常见，江南地区水网密布，民居依河筑屋，依水成街。典型的有苏州周庄古镇、同里古镇、绍兴安昌古镇等。建筑沿水布置，被水系分割成若干组团，通过各式的桥梁连接，既相互独立又相互联系（图4-4）。网状村落的水系形态以线状、面状水系为主。

图 4-4　湖州市荻港村

（图片来源：互联网）

五、放射状村落

　　村落在几何形状上呈放射状，紧凑度在块状与线状形态之间，具有较强的向心性和聚集特征。道路系统由放射状的主巷道以及环状的次巷道组成。典型的如浙江省兰溪市的诸葛八卦村。村落的中心有一方池塘——钟池，半边池水半边平地，构造奇特。整个村落以钟池为核心，八条小巷向外辐射，形成"内八卦"，环绕村落外围的八座小山，形成天然的"外八卦"。村落的公共建筑环钟池而建，巷道划分的不同片区建筑朝向、排列不同，形成了密集又复杂的空间，营造了内外分区明确、防御性强的村落形态（图4-5）。该类型村落的水系空间形态有一定的独特性，面状水系或位于村落中心或分散在村落外围。

图 4-5 兰溪市诸葛村

（图片来源：互联网）

第二节 传统村落的空间结构与水系

水对村落空间构成的影响体现在：水系对村落空间的组织、水系形成村落空间界面、水系对村落空间的分割、水对村落空间尺度的影响。

一、水系对村落空间的组织

传统村落的道路常常结合水系的位置与走向构筑村落道路系统，形成村落的基础空间构架。在这个构架内，结合水系临水安排住宅和其他生活设施，很多传统村落至今仍保持原有的格局与形态（图4-6）。

由于蜿蜒水系的存在，村落的滨水地带常出现顺应水系的独特线性空间，这个线性空间中包含随河而走的街道，面河而建顺河布置的建筑，形成了一种顺应河道走势的动线。街道、建筑以水系为轴线重复交替布置，形成了"房—街—水—街—

图 4-6　顺水而建的乌镇

（图片来源：互联网）

房 "、" 房—街—水 "、" 房—水—街—房 " 等不同的空间形态。其空间构成要素不多，但构成的模式变化多样，形成适应不同功能需求的空间模式。

如果从村落居住空间形态构成的角度来看，住宅院落的结构是一种从"点"到"面"的空间增长过程，是各个"点"空间的生长。那么流经村落的河流、小溪是这些"点"状空间的纽带，起到串联、组织村落空间的作用。

村落中还存在许多形态各异的节点空间，它们依附于建筑、街道或者河流等空间元素而存在，既是后者的组成部分，又是各空间之间相互转化和连续的中介。每一个空间节点都意味着一段空间向另一段空间的转换。节点空间使得街巷、水系等相对单一的空间变得生动、活泼。这些节点空间是村民日常活动的主要发生地，是村落民俗活动和其他重要活动的举办地。村民在宗祠处聚集、在井台处洗衣聊天，在大树下乘凉……村落的这类节点空间大多是复合功能空间，其空间的限定可能会很简单，一棵大树、一口井都可以成为人们驻足交往的空间。这类空间是村落中最为生动、灵活的空间，是村落之间差别的重要特征，也是村落区别于城镇的特色所在。

二、水系形成村落空间界面

空间形态是由不同的界面共同构成的整体。各界面之间相互影响，研究空间形态不能将各个界面拆开进行孤立的研究，而是要通过研究各种空间界面的特征与性质，来探索它们结合后产生的整体、动态系统。研究界面之间的转换及不同界面的尺度，更直接地呈现界面的限定感和领域感。

构成空间形态的界面包括有形界面和无形界面。村落中的有形界面一般为围墙、地面。无形的界面包括栏杆、矮墙、树篱等以及不同的地表材质如河道、草地等。中心点一定范围内的区域，如大树、井台、宗祠周围空间。环绕村落的河道、溪流与其他界面共同围合出一个相对独立的村落空间，通常也是村落与村落之间的界线。井台是村落的节点，围绕水井周边形成一圈模糊的空间界面，周边聚集着各式建筑形成村落的各个组团。

水系的存在，给村落带来了更多的界面变化。

1. 桥与街道

由于水界面的存在，桥的形式孕育而生，打破了水界面的限制，成为界面之间的"桥梁"。村落中的小桥常是跨溪而建的院落出入口，是院落空间向外延伸的媒介，成为水街的一部分，打破了水街的单一与线性感。

桥与街巷的组合方式有两种：

（1）搭接式

桥与街道的走向垂直，此时，桥作为一个连接构件连接了河流两边的院落与街道，使两个不同的界面互相渗透，弱化了界面的限定性（图4-7）。

图4-7　联系河流两岸街道的桥

（图片来源：互联网）

（2）延伸式

当桥与街道走向一致时，桥是街道的一部分，它本身可看作是街道在水面上的一种变体，是水系两边界面延续的媒介，是街道体系的一个节点（图4-8）。

图4-8　桥梁是街道空间的延伸

（图片来源：互联网）

2. 水与建筑

水在平面上起到的界面分割是相对稳定的，但是它的涨落会影响周边相关垂直界面的变化。为了解决水的涨落带来的影响，周边的建筑基础、水街驳岸常设置得比正常水位高出一段距离。船在河道中行驶，感受到周边建筑、驳岸带来的强烈的空间限定感。

3. 水与街道

由于街道的密布性与连通性，必然与河道发生交接。河道与街道并非是空间上互不相干的两个界面，而是在平面上互相咬合、纵向上上下连接的空间统一体。

依据河与街道（巷）的关系，可以分为：

（1）平行式

街道与河流平行，两者由码头或水埠等搭接，共同构成水街空间界面。

（2）垂直式

街道与河流呈垂直角度，码头或河埠只是街道的延续，并打破了界面之间的界限。

三、水系对村落空间的分割

传统村落中，水系不仅分割了村落的内部区域，还阻隔了村落对外的联系，水系成了两者之间的分割、过渡空间。因此，街道、建筑与水系的关系出现了几种特有的格局：

1. 街—河—街模式

街道沿河两侧布置，建筑布置于街道外侧（图4-9）。这类格局多出现在主河道上。由于河道交通量大，为便于水陆两种交通方式的转换，在河道两旁设置公用码头。同时，为提高空间利用率，多沿街布置商店。

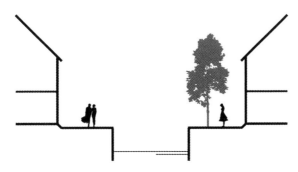

图 4-9　建筑—街—河—街—建筑的模式

（图片来源：杨建绘制）

2. 街—河—建筑模式

河与街道并行排列，在两侧布置建筑（图4-10）。此类布置多见于次河道上。常在沿街一侧设置交通码头，便于交通方式转换，而临河建筑一侧多设置私家码头。

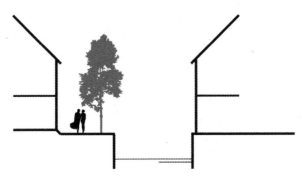

图 4-10　街—河—建筑的模式

（图片来源：杨建绘制）

3. 建筑—河—建筑模式

建筑临河布置，建筑外侧布置街道（图 4-11）。此类布局多见于支河道上或南方特有的水街水巷上。河道与街道被建筑隔开，形成了前街后河的局面，这样每户人家都兼得了水路交通之便，建筑沿街开设店铺，楼上住人。

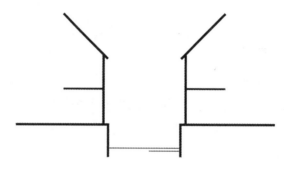

图 4-11　建筑—河—建筑的模式

（图片来源：杨建绘制）

桥梁是水系两旁空间之间的联系物体，是村落对外交通或内部交通的重要组成部分。桥是街巷的交通枢纽，它提供了交通的便利。它的存在保持了陆路交通的连续性，同时又保证了水路交通的顺畅，且桥头两岸通常设立水埠，使得桥成为陆路与水路交通的汇聚空间（图 4-12）。多数传统村落的桥梁结构简单实用，造型轻巧灵活。桥的设置是以人的步行距离为参考基准的，根据村落范围的大小而设置的，因此，河道两岸的建筑距离桥越近，建筑及人口分布越密集。

图 4-12　跨越水系联系两岸的桥梁

（图片来源：互联网）

对于传统村落来说，水口也是较为重要的一个空间界定元素。水口常指水流的出水口，有时也同为村落的村口。水口可以看成是村落内部与外部的柔性边界，同时又是村落领域的标志。

四、水系影响村落空间尺度

传统村落是以人力交通为依据建立的，街巷作为村落内外的主要交通路线，其尺寸只要满足人力交通的尺寸要求。村落中的街道宽度一般为 1.8～2.5m，巷弄的尺寸则更窄。水边建筑因为防洪等需要而加高的台阶也会使街巷的尺度看上去更"窄"一点。芦原义信曾分析过街巷的宽度（D）与建筑的高度（H）的比值变化所引起的不同心理感受：当 $D/H=1$ 时，人的视线基本上比较自由，空间的界定感比较强，这样的空间内聚力强，交往尺度适宜，有一种安定又不至于压抑的感觉，是一种最佳尺度。当 $D/H<1$ 时，视觉空间受限，人与人活动空间尺度狭窄，给人压抑感，甚至可能会产生不安全感。传统村落中街道空间宽高比一般小于 1，而大于 1∶3，到了巷弄空间，宽高比有的甚至小于 1∶5，但并没有引起不舒适感，这是因为通向水系的街巷打断了封闭的建筑立面，使得水系与建筑互相渗透延伸，原来紧凑的建筑立面变得富于凹凸变化，沿街巷的水井也会让街巷的尺度在局部放大，都使整个空间具有封闭性却没有压迫感，形成了较好的空间氛围。当街巷临水布置时，街巷的视觉尺度因临水通常会显得更加"宽"一点。此外，水道宽度变化、弯曲、转折也会使村落街巷的尺度变化更加丰富（图 4-13）。

图 4-13 临水使街道显得更"宽"一点

（图片来源：互联网）

第三节　传统村落对水系环境景观的营建

一、效法自然的古朴美

　　传统村落均有自己独特的气质，村落从诞生之时经过几百年的历史变迁，造就了传统村落最大的审美价值——自然美。表现在村落的平面布局上，不强求方正规矩，而是随地形、山水之势的变化而变化，使人工环境与自然环境相结合，达到巧夺天工、浑然天成的程度。村落的水系遵循着自然水系弯曲顺势，其曲形岸线形态优美，营建时既要保持堤岸跌宕起伏的景色变化，又要兼顾防洪功能上的造型形态。传统村落中的人工水系形态多为自然曲线型，并根据环境随形而弯，形成一系列的河道、水渠等。水边行道与墙弄大都采用卵石、块石铺装，未经雕琢不加水泥砂浆的石块相互叠加堆砌形成岸墙，河道沿途多种植树木，以美化村落环境（图4-14）。街巷、建筑的布局顺应着河道的走向，河水以其柔和的形态形成与街巷、建筑的强烈对比，丰富了后者的空间层次感。穿街走巷的河网川流交织成网，因水存在的街巷形态，使得聚落具有丰富多变的艺术形象。这些村落的建筑环境，处处洋溢着大自然的盎然生机，反映了中国人对待自然的和谐态度即人与自然"契合"彼此不分离的理念。"虽由人作，宛自天开"，是传统村落建设的重要理念。这与长期居住在这里的村民所固有的淳朴之风、朴实之风和谐呼应、浑然一体。

图 4-14　毛石驳岸，整齐而自然

（图片来源：作者拍摄）

二、方便生活，有利生产

人们对村落水环境空间的营建是以方便生活、有利生产为出发点的。水是人们赖以生存的物质基础，最直接的体现便是人们对饮用水的需求。传统村落的选址一般都临近水源地，便于就近取水和方便生产。北方地区传统村落生活饮用水主要来源于水井供水。地下水是一种清洁且相对便于获取的可饮用水源，因此开凿水井是众多村落解决饮用水的重要方法之一。村落选址往往位于地下浅水层、泉眼丰富的"吉地"，围绕泉井形成村落是比较常见的模式。井内水面常低于塘、渠、溪，水质纯净，井中多数养鱼，以观水态。水井多以当地的石材砌成圆形或方形，数百年日夜供给村民用水。南方地区，湖泊纵横，村落一般滨河而建，水系与道路相依附共同构成村落的整体构架。这种依存于水系的村落布局模式很好地解决了生活及生产用水、排水防涝、防火、调节气候等生活中的基本问题。良好的水资源还为耕种、渔牧提供了很好的先决条件，是村落稳定发展的有利保证。其次，河流是南方村落重要的交通纽带，便于城、镇、村以及村落内部的流通，有利于商品贸易的往来，因此往往在河道汇集的地方形成村落。民居沿河布置成街，既能利用水路交通的方便条件，又能在水边洗涤，方便了生活（图 4-15）。岸边树荫繁茂，浓荫蔽日，居民生活、劳作均围绕着水系，水面完全融入村落之中。

图 4-15　新叶古村中村民在池塘边浣洗

（图片来源：作者拍摄）

61

三、疏导村落水系，以利排洪涝

自然水系的水量具有明显的季节性变化。春夏是降水的集中季节，河道、溪谷往往水位上涨，甚至爆发山洪，危机村落的安全。而秋冬降水稀少，河道、溪谷干旱甚至断流，不利于农业生产和水运的发展。古人很早就认识到水系对村落发展的重要性，并在生产生活中总结出多种改造自然水系为村落所用的技术措施，使自然之水为我所用，把不利因素转变为有利因素，促进村落的稳定发展。古人改造自然水系的措施主要有以下几个种：

1. 引沟开圳

引沟开圳，主要在于解决传统村落的给水排水问题，以人工沟渠的形式弥补地形的不足。居民房前屋后的小水渠在村落中蜿蜒盘曲，最终汇入自然河流。传统村落中水圳这种形式在皖南山区的乡村较为常见。有些村落虽地势较平，暴雨后会有些积水，但由于水圳可以迅速排洪，因此少有洪涝之灾（图4-16）。

图 4-16　宏村的水圳

（图片来源：陈笑天拍摄）

2. 开塘挖湖

开塘挖湖主要是为了蓄水和防洪抗旱，方便村民的生产生活用水及防火的需要。溪流上游，水道狭窄，水流湍急，难于取用。开塘挖湖可供居民饮用、洗涤、灌溉和观赏，还能防洪抗旱，并在汛期减轻洪水对下游的威胁。塘，犹如村落集聚中心，或大或小的塘承担着人们日常的洗衣、刷碗、蓄水、消防等功能，也是邻里谈天说地、互为沟通的公共空间。如诸葛村的钟池既是村落用水的供应地，又是各种水系的最终归处（图4-17）。村落以钟塘为中心向八方延展，内外分布十几池塘。池塘使村民既有水用，又不受洪涝之苦，是良好居住环境的典范。

图 4-17　诸葛村的钟池

（图片来源：互联网）

3. 修坝筑渠

自然水系水量的季节性变化给村落的生产生活带来了不稳定的因素。为了改善这种局面，古代居民改造环境中的河流，修坝筑渠用以调节水位、引水进村，方便村民生活取水，稳定生产用水（图4-18）。村落中一般的给水和排水均可通过修筑沟渠来解决，雨水和生活污水常以明沟、暗沟的形式直接就近排入水塘或田间地表。渠，如血脉一样，引水入村，将水源就地势分解成循环线，不仅方便家家用水，而且也是村落中一道亮丽的风景线。

图 4-18 村落中的水坝，也是村落的一道风景线

（图片来源：互联网）

四、添姿加彩，美化环境

人的亲水性似乎是与生俱来的。人除了依赖水维持生存发展，也喜欢临水而居。临水居住不仅方便村民的生活，水环境也给村民带来了舒适的居住空间。曲折流畅的岸线，通透明净的水面，凉爽的清风，绿荫叠翠的堤坡，岸边婆娑的倒影等，让人们体验到水的美和乐趣。古人不仅善于发现自然水系之美，还善于把水处理成一个个富于变化的景观，使整个村落因水而充满生机。

1. 建筑与水的互动美

建筑与水互动构成的一系列不同的空间，称之为"水空间"。自然中水系曲折蜿蜒、宽窄变化多样、水位涨落多变，沿水建筑错落有致，布局灵活，构成了多变的宜人空间。建筑与水的关系常表现为"围水"、"临水"、"跨水"、"沿水"等几种不同的形式。"围水"顾名思义是水被建筑围合起来，一般出现在建筑院落中或村落中心，形成家庭或周围人家活动的公共场所（图 4-19）。"临水"即建筑位于水边，通过台阶与水面发生关系。这种空间的水面一般都比较大，以水为主，水边建筑多向水面开敞。"跨水"的形式在村落中多应用于廊桥。建筑与水的这种灵活多变的关系，构成了独特的村落水空间环境。

图 4-19　建筑围合出的水院落空间

（图片来源：陈笑天拍摄）

2. 利用植物的自然美

传统村落水系景观中除了硬质景观外，软质景观无疑也是水系环境的另一重要组成部分（图 4-20）。在水岸边、水面上包括水底都生长着丰富的植物，丰富了水

图 4-20　宏村南湖的荷花成为宏村的一景

（图片来源：互联网）

的色彩，延展了水的景深。村落水边常常种植垂柳、水杉、池杉、枫香、无患子、红枫、乌桕、柿、迎春、紫藤、地锦等乡土树种，这些植物不仅保护了水源，还丰富了村落的天际线，软化了石驳岸的线条，给石桥、石驳岸增添悬挂的美感。也给各种鸟类、昆虫提供了生态的庇护所，稳定了村落的生态环境。

3. 人与动物的和谐美

水中的动物也是传统村落水系景观的重要组成部分（图4-21）。与村民共同生活的鸭、鹅和成群的游鱼，为水景增添了不少趣味，构成了富有生机的动静之美。"景以境出"，自然生态之景与村民生活相互融入，构筑了人与动物和谐之美。

图 4-21　鸭子为平静的水面带来了生机

（图片来源：互联网）

第五章

传统村落水系环境景观的典型案例研究

宏村、荻港古村是不同类型的传统村落，他们的水系形态是非常典型的村落研究对象，通过研究宏村、荻港古村水系的历史变迁、形态布局、水系特点可以了解传统村落水系生态理念与文化内涵。

第一节　宏村的水系

　　徽州素有"八山一水一分田"的称号，优越的自然环境，为传统村落的形成提供了良好的自然环境（图5-1）。"依山傍水"就成为村落的特色。村落选址布局与自然环境融为一体，强调天人合一。在徽州先民的意识里"山管人丁水管财"，水

图5-1　坐落在优越自然环境中的宏村

（图片来源：互联网）

即财富。故村落规划建设特别关注水，村落水系不仅满足了村人日常生活的需要，而且还丰富了村落的空间景观，改善村落的生态环境，具有使用功能、景观功能。宏村是皖南乡村民居的典型代表，整个村落大都处于平坦地带，古宏村人为防火和灌溉农田，独运匠心地开创了仿生学之先河，这种"半人工水系"的规划设计体现了先人的超群智慧和匠心技艺。

一、概述

宏村，徽州古村落。位于安徽省黟县东北部（东经 117° 37′、北纬 30° 11′），占地 28hm²，古村落面积 19.11hm²。村落整体地势微倾，形成了整个地势 3.69m 的落差。由于地处黄山西麓，那里气候湿热、雨水丰富，年降雨量在 1800mm 左右，宏村在这样的自然条件下，有着打造水系的优势。

宏村始建于南宁绍熙年间，距今有 800 余年的历史。整个村落背靠雷岗山，北围月塘，南附南湖，其间建筑鳞次栉比、层次跌落。宏村水系主要由河溪、水口、水圳、塘池、月沼、南湖和庭院组成（图 5-2）。水系不仅为村民解决了灌溉用水，而且调节了气温，为居民生产、生活用水提供了方便。由于整个地势呈倾斜状态，村民们利用天然的地势落差，使水渠中水流始终保持流动状态，同时在上游设置水闸，控制水的流量，形成一个人工的"活"水系。

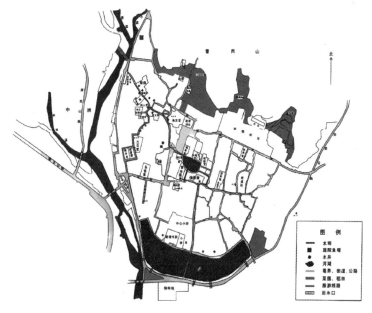

图 5-2　宏村古水系平面图

（图片来源：汪森强著. 水脉宏村. 南京：江苏美术出版社）

二、水系环境特征

1. 宏村水系产生的自然因素

　　宏村最早的定居地大致在西溪和雷岗山之间的山坡上，当时的人口数量不多，周边都是滩涂、粮田、沙滩、河流。河流走势，直冲山下，由西北向东南流动。后来由于人口数量的增长，原先的居住环境已满足不了居住的需求。宏村的祖先汪氏77世于是开始另寻吉地准备规划营建村落，恰逢黟县的梅雨季节导致山洪暴发，山洪冲刷河流使其变得平缓，形成了人工不可能形成的河道和干河滩，由此形成了如今的宏村基址（图5-3）。

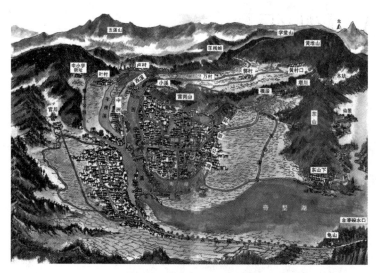

图 5-3　宏村鸟瞰图

（图片来源：汪森强著 . 水脉宏村 . 南京：江苏美术出版社）

　　宏村的周边水资源丰富，村落东西侧分布着多条山溪，它们汇聚于村南，尤其是西溪，水量充沛。村西还有一条多处有泉眼的溪流，常年不旱，且水质优良。加之此区域的降雨量充足，为村落水系建设提供了足够的水资源。村民在宗族长辈带领下首先将位于后来村子中心的天然泉眼，开挖成半月形的池塘——月沼，引西溪水入村，挖泄洪沟，连接水圳或汇入南湖，加大了村落的沟渠密度和覆盖范围，形成了现有的水系结构。

　　宏村的传统村落水系形态构成主要由水口、月沼、南湖、村民家的水院以及联系每家每户的水圳组成。宏村水系从西溪上的碣坝处引水入村，经九曲十弯的水圳入月沼，稍做停留，与雷岗山地下泉水交合，然后汇入南湖。南湖是整个宏村最为点睛之笔的地方，实际面积 20247m²，深度约为 1.6～1.9m，其湖底标高高于西溪及村南的农田，在西部和南部各设有 5 个可供开启的出水口，主要负责村南农田的灌溉及雨季向西溪排水泄洪之用。水圳水流所过之处除了满足村民饮用、洗涤、防火、灌溉等基本需求之外，还具有调节空气温度和湿度的作用。月沼是人工水系原始之地，既满足景观上的要求，又有部分的容量可作为引水之储备用途。

2. 水系对村落空间的组织

宏村古村落的选址规划和水系的开凿建设，对水的利用和改造既满足了生产生活等多种功能需求，同时也营造了生态化、园林化的村落宜居环境。水圳开凿在村落的中间亦是屈曲流水环抱，与村落周围环境共同营造了一个宜居的生态环境。在村落规划建设时，利用地形高差人工引水进村，水系自西北而南，以月沼为发端，以明渠暗圳在整个村落内形成四通八达的水系网络，以南湖为水系之尾。一塘一湖，一小一大，一前一后，村心村南，她们的美景构成宏村名闻天下的村庄名片。九曲十弯穿宅而过的水圳设计，创造了一种"家家门前有溪泉"的良好生态环境（图 5-4）。最巧妙的是整个水系以清澈的溪流引入，在村中与汩汩而出的泉水相通，使水系始终保持一定的水量和流速，再经过南湖的沉淀和净化，回流至溪流时又是一股清泉。

图 5-4　宏村九曲十弯的水圳

（图片来源：互联网）

月沼是一个位于村落中心位置的人工池塘，呈不规则的半圆形。宏村先人以月沼为中心相继在四周建起鳞次栉比、层次跌落的建筑院落，并沿岸铺上青石板，设置石雕栏杆，且留出一条沿沼的小道。月沼是泉水和溪水的汇合处，两股活水融合后，水流加速，不仅使池塘的水更清澈流淌，而且保证了水圳之水年年不竭，可供村民日常饮用和洗涤之需（图5-5）。南湖位于村落的南边，主要用于养鱼种藕，经过南湖净化了的水质再次被引入农田进行灌溉（图5-6）。

图 5-5　半月形的月沼是宏村的中心

（图片来源：互联网）

图 5-6　位于宏村南边的南湖

（图片来源：互联网）

另外，古代宏村人利用地势落差，在村西拦河筑坝，用水圳引进西溪活水流遍了全村，村内几乎家家门前有水圳，出门即能见水。村内主圳380m，引西溪自西入村；支圳340m引雷岗山地下水自山坞入村东。水圳顺着地势向低处蜿蜒，把月沼、庭院鱼塘和南湖连为一个整体，圳内流水以21.6m/min的流速终年不断，清澈见底。

圳宽约 1m，窄处 0.67m 左右，有明圳暗沟。明圳敞开，暗圳上铺石板，沿途建无数个下圳踏步石，方便取水洗涤。水口位于村落的入口处。宏村水口的作用，一方面界定村落的区域和标识村落出入口的位置，另一方面也是一村一族盛衰荣辱的象征。水口同时汇集了来自水道与溪水的水，也具有一定的蓄水功能。

宏村的水系使静态的山村变成一个活的生命体。大小水圳遍布全村，月沼、南湖，错落其间，构置一个复杂多变、功能全面的水系统。建筑与水系一静一动，动静结合，虚实相生，使山村充满了灵气和活力，丰富了村落景观，整个山村平静、和谐，像一个移步换景、情趣盎然的大园林。这就是宏村历经数百年而依旧生机勃勃的原因，这其中凝聚了徽州人无限的智慧和力量。

3、村落水系的营建

（1）拦河筑坝

拦河筑坝是指在河道、溪流中修建拦水坝意在控制水位高低。宏村水系以引西溪之水作为水源，宏村先人在西溪中修筑碣坝，通过修筑水坝截断西溪的水流，使坝的上游蓄水以提高水位，再修建暗渠引水入村，坝上还可以设置水闸以调节水位高低达到控制村内水圳流量的作用（图 5-7）。宏村的水系是历史上成功引水入村的典范。碣坝是重要的理水构筑物，又可以点缀水系形成变化的水景，宏村西溪上的碣坝也是著名的"宏村八景"之一。

图 5-7　西溪上的碣坝起着拦水蓄水的作用

（图片来源：互联网）

（2）穿圳引流

宏村的水圳遍布全村，犹如全村的血脉沟通着家家户户，给村落带来了四季不断的潺潺清泉，给安详宁静的村落增添了生机和动感（图 5-8）。有的甚至别具匠心的在墙基开洞引水，形成别具一格的庭院水景。

　　蜿蜒曲折的水圳与四通八达的巷道相伴而行，共同构成村落纵横交错的交通网络。水圳有明圳和暗圳之分，暗圳上铺石板常常流入住宅的厨房，作为基本生活用水来源。明圳敞开且建有下踏台阶，以方便取水洗涤，或与院落的天井空间相连，串联外部各个天井水池。

图 5-8　遍布宏村每个角落的水圳

（图片来源：互联网）

　　（3）凿湖储水

　　月沼最早是在天然泉水的基础上修建的，为宏村水系的核心。南湖位于村南外，主要用于养鱼种藕，而后水从南部出口流出，灌溉农田，浇灌树木（图 5-9）。月沼、南湖与水圳一起共同构成宏村的水系。月沼和南湖除了可以满足了村民的基本生活需要，还能在洪水暴发时，积蓄过量的降水，调解平衡水系的蓄水能力，削减洪峰，以避水潦。

图 5-9　宏村的南湖

（图片来源：互联网）

另外，为了有效提高水系在雨季的泄洪能力。村民加大了村落的沟渠密度和覆盖范围，在村外山脚处挖横沟，截留山上下来的洪水，并开辟多条南北向的小水沟引导泄洪，最后汇入南湖。宏村先人在雷岗山上遍栽林木以涵养水源，严禁任何人砍伐雷岗山的一草一木，并对南麓的坡地进行了部分改造，每年的担石、压土，用卵石砌成层层跌落的台地，减缓山洪对村落的冲击。

4. 村落水系的理水思想

（1）尊重自然、因势利导的朴素生态观

尊重自然首先要承认和肯定生态规律，自觉按照生态规律来采取行动。包括人类应该尊重与维持自然万物的权利，尊重自然规律，使生态系统处于良性循环以维持生态平衡。

宏村因其建筑与人工水系所形成的独特村落景观而著称。水系把自然与人文融为一体，大小水圳遍布全村，月沼、南湖错落其间，庭院池塘星罗棋布，水质清澈，形成了如画的景观。

水系的开凿尊重村落环境，因势利导地利用天然地形形成完美的循环系统，以低廉的代价，取得了良好的效果。水圳开凿在西溪旧河道之上，保留下来河流蜿蜒曲折的自然形态，大大减少了改造所要耗费的人力物力，节省了很多的土石方工程量；修建碣坝、铺设水圳所用的石头主要来源于原河滩里的卵石和附近山上的石块，就地取材，源于自然而又归于自然；水圳顺应宏村西北高、东南低的自然地势开凿，"水往低处流"，解决了水流的动力问题；水的形态由装盛它的容器所决定，细长的水圳成就了线性水流，使流水进户成为可能。宏村简单而有效的人工水系集中体现了六百年前宏村劳动人民的智慧。这些手法也使得水系、村落民居与大自然完美地融合在一起，九曲十弯的水圳、塘湖把全宏村人都系在一曲碧水间。

（2）广泛的实用性

水系不仅形成了宏村最大的景观特征，而且解决村民生产、生活和消防用水；调节气温，创造了良好的人居环境。其实用性具体体现在：①饮用，居民的饮用水主要取自水圳。宏村的水圳又窄又浅，水流湍急，又与自然泉水在村中相会，保证了水体的自我更新与水量。同时，为了保证下游居民的用水干净，村民把用水分为几个不同的时段，规定早上八点之前主要为汲取饮用水的时间，八点之后才可以浣洗衣物，并严格实行。②方便生活。水圳的水位随季节变化而变化，为了便于用水，水圳上架有高低不同的石板、踏步以方便取水。这些石板、踏步对漂浮于水面上的脏物可起到一定的阻挡作用，便于打捞清理，有利于下游的用水清洁。③消防，村落建筑多为木质结构，且密度大，鳞次栉比、层层跌落。穿梭于村落中的水系既可以隔离火势的蔓延，又能提供充足的消防用水。这种作用尤其在没有先进消防器材的古代是至关重要的。

（3）水资源的充分利用

在宏村，其水系实现了"居民使用—养鱼—灌溉"的多重使用。宏村的水系在满足居民的饮用、洗涤等生活用水需求之后，并没有就此排出村外，而是由水圳汇入南湖。生活用水中残留的米渣、菜叶流入南湖喂鱼肥藕，通过莲藕吸附污泥和鱼虾吃掉浮游微生物，改善水质以利于农业生产，又由南湖分三个涵洞引出水流，灌溉农田。鱼的粪便、荷的腐叶流入农田，利于壮苗丰田，实现了一个以人养鱼、以鱼养田、以田养人的生态循环系统，"一水多用"，充分节约水资源。

雨水是一种最根本、最直接、最经济的水资源。宏村地处黄山西麓，气候温暖湿润、雨量充沛。为了解决排水问题，村落的规划和民居的建造无论在平面布局上还是空间造型上都注重排水系统的安排。村内民居建筑多为院落式，内设天井。天井可以收集雨水，天井中的池塘和水井，为居民提供了清洁方便的水源，可用于洗涤、浇灌，还可以起到良好的通风降温作用。天井下设有完善的排水系统，雨水经过排水管流入地下水道，经过一定的处理后流入人工水系，实现雨水的收集再利用。

（4）简易而又有效的控制手法

宏村利用简单便于操作的手段达到有效控制水体的水位高低、流量和水体清洁的目的。由于水源的供给随季节的变化而变化，为了保证水源供给的稳定性并减轻雨季洪水的危害，宏村水系上设置碣坝来控制水位和流量。雨季时，碣坝的水闸可以控制入村水流的大小，使得久雨不溢。旱季时，控制月沼和南湖的出水口使其蓄水，以满足居民的生活用水，使得久旱不涸。

600多年前，没有现代化的净水手段，宏村人主要依靠在一些进出水处设置滤水网来拦截浮游垃圾，便于垃圾的收集，达到净水的目的。为了让每户居民尽可能地近水，古宏村人设计了很多明圳暗沟将水流引流和分流。明圳敞开，暗圳上铺石板，很多暗圳还起着将水流贯穿的作用，形成了"户户门前有清泉"的美好画卷，也方便取水。水与家里的庭院也就一墙之隔，有的别具匠心在拐角墙基处开一小洞引水入院，创造出多姿多彩的庭院环境，而且流水常年不断，自动更新，终年不需人工换水，省时省力。

第二节　荻港古村的水系

一、概述

浙江省湖州市南浔区荻港村地处浙江北部杭嘉湖平原中部，是一个典型的江南水乡，东傍龙溪，西临湖菱公路，紧接 318 和 104 国道，水陆交通都很便利。荻港村地势平坦，四面环水，河港纵横。历史上因河港两岸芦苇丛生而得名，也称荻溪、荻冈。由于处于中北亚热带湿润季风性气候过渡带，气候温和，四季分明，年平均气温在 15.5～16℃之间，年平均降雨量 1161mm，相对集中在 4～9 月，基本上与农时适应。

荻港村临近古运河支线（杭湖锡航道），村内水系发达，生态环境优越，历史悠久。港村四面环水，村内河港纵横，建筑多沿河而建，村落的整体形态和结构受河流走向的影响大。荻港村初步形成于北宋年间，其历史源远流长，文化积淀丰厚，村内保留了很多古迹：古石桥，桥桥有别；石板路，纵横交错；古建筑、比比皆是；还留有多处文人雅士的活动遗迹。村落保留着原汁原味的小桥流水、青堂瓦舍、房前屋后，鱼塘连片的江南水乡独特风韵（图 5-10）。

二、水系环境特征

1. 水系产生的因素

（1）水系的历史演变

自古以来，浙北一带水流充沛、河网密布，水系是居民生活所需的基本物质，也是居民出行的主要交通方式之一。浙北独特的地理气候条件，造就了浙北独特的水系特征。荻港古村建筑布局顺应自然山水形势，民居临水而建，店铺依河而筑。村民不仅离水源近，从河里肩挑饮用水更为方便，而且在河道和码头附近建造居舍，

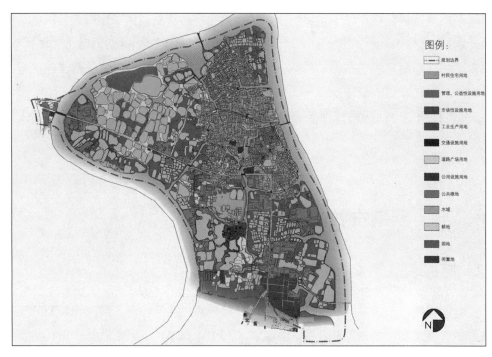

图 5-10　荻港村现状平面图

（图片来源：同济城市规划设计研究院）

便于商贸货运。水系成为村落不可或缺的部分，不但形成了村落的"软质路面"，
与村落融为一体，而且带来了文化和商业的繁荣（图 5-11）。

图 5-11　依稀可见荻港村曾经繁华的水上街市

（图片来源：作者拍摄）

（2）人文的荻港水系

荻港村的水系成为村民生活的一部分，村民的生活、出行都离不开水。水也造
就了荻港古村独特的水文化景观：村民们在水边剃头、洗衣、淘米……坐在岸上看
乌篷船悠悠地穿梭在狭长交错的河道里，船夫头戴乌毡帽，双手摇着橹，时不时遇

到个熟人还寒暄一阵，岸边姨婆们拿着盆一边家长里短，一边洗菜洗衣，孩童们在水边嬉戏打闹，一幅富有生活气息的画面。这些习作状态更体现了村民与水的亲密关系，也成为荻港村最大的人文景观。

2.水系对村落空间的组织

水系的形态、走向决定了村落的空间结构。荻港古村以水为村落构架，依水而筑、因水成街，形成了独特的水乡风貌和水陆并行、互为补充的交通体系。荻港古村临近运河，村内河网密布，在其漫长的历史发展过程中，逐渐形成了以运河体系为主的对外系统和村内的自然河流体系的两种系统。内外河道将村落划分成五个区块，运河与小市河及其边上的风雨廊共同构成"两河两廊"的格局。街道顺应河道布局，路水相依。村落中水陆两套交通系统共用，街坊、街巷与河道的关系非常灵活多变，或与河道平行，或与河道垂直，互相补充。村内石板路纵横交错，以桥与水埠作为水陆交通的连接点，形式各异的古石桥、水埠镶嵌在水网之上，使得桥、水埠成为陆路与水路交通的汇聚空间，共同构成古村的交通体系。由于其优越的水运条件，历史上的荻港古村曾是浙江省的商品交易中心，从而孕育出荻港古村外巷埭、里巷埭两条传统商业街巷（图 5-12、图 5-13）。

图 5-12　荻港村里巷埭景观

（图片来源：郑洁拍摄）

图 5-13 荻港村外巷埭景观

（图片来源：郑洁拍摄）

村落中，无论是商店、作坊还是住宅，为了水运及日常用水的方便，都力争临河。村落建筑鳞次栉比，朝向依河道的走向而变化。由于蜿蜒水系的存在，村落的滨水地带常出现顺应水系的独特线性空间，这个线性空间中包含了随河而走的街道，面河而建、顺河布置的建筑，形成了一种顺应河道走势的动线。荻港村除了一般村落所具有的街和巷外，还有各种临水的水街、水巷、桥梁、码头、河埠等，村落的景观内容十分丰富。村落中，舒缓流淌的河道是整个村落空间自然的延伸，纵横交错的河道构成一张网络整体用连续的自然景观符号将分散的民居建筑和其外部空间融合在一起，不论是单体建筑还是连续的居民建筑群都在这张"网"里找到相应的位置，并适应了其所在的自然环境。河道还为整个古村落提供了区别于一般村落的独特开放空间。

荻港村呈现出依河道布局的线性空间特色，河道成了重要的交通通道和组织布局的骨架。从街巷空间肌理而言，荻港村内部空间的典型就是其特色——里弄。道路作为辅助系统，顺应河道布局，主干道往往与河平行，次一级的街巷划分组团，或与主河道垂直，使住户能方便到水边。路面基本以石板铺装为主，两边以碎石和卵石镶嵌。沿河街巷以外巷埭、里巷埭为代表，外巷埭为"河—街—房"的格局，属于前店后宅的实用建筑模式，而里巷埭为"房—水—街—房"式格局。

"房—水—街—房"（里巷埭）（图 5-14）：河道一旁的民居临河而筑，有的甚至部分悬挑于河面，基本上每户人家均设有水埠，通过私家水埠与河道联系。河道另一旁设有临水街巷或民居紧临河道，形成一条幽深的水上小巷。河上有节奏地架设各式石桥，岸边驳岸高低错落，宽窄不一，村民在此洗涤闲聊，极富生活气息。

图 5-14　荻港村里巷埭的街河关系

（图片来源：郑洁拍摄）

河—街—房（外巷埭）（图 5-15）:民居在街、河一侧。街上盖有通廊,曲折通幽,又开阔笔直。外巷走廊沿运河而建,条石驳岸,街河之间设有多样的埠头,梯形河埠十分完整。岸边廊屋蜿蜒,店铺相间。街道转折之处,设有东安桥,庙前桥,组合巧妙,既方便交通,又强化滨河街道的水乡风韵。

图 5-15　荻港村外巷埭的街河关系

（图片来源：郑洁拍摄）

另外空间的比例尺度是形成江南水乡空间形态特色的重要因素。由于荻港村处身于太湖流域的水乡泽国之中,其内水系密布,状如织网。人们自古以来临水而居,形成以水道为轴线的建筑聚落,小桥流水人家是对其聚落特征的生动写照。街巷的道路宽度与河道的宽度有关，与建筑高度所产生的空间是内敛的空间，有较强的领域感，易于形成热闹的商业氛围，这种宜人的空间尺度是营造传统空间形态的主要因素。

3. 村落水系的营建

（1）临河水街

荻港村的临河水街主要有两条：外巷埭和里巷埭。紧连八字桥的外巷埭走廊全长 500 余米，南北走向，靠运河而建。外巷埭是一条集商贸、加工、制作、客栈、居住为一体的老街。20 世纪二、三十年代，荻港古村公路不通，水路交通相当兴旺，廊屋外皆为商店阁楼，曾是荻港村最繁华的地段。老街房屋基本一开三进，也有二开三进，店面后退留出临街空间，类似骑楼建筑形态，可以方便人们在炎热的夏天或雨天自在、舒适地行走，承担交通空间的角色。还可以为临街的住户提供了良好的休息空间，并为邻里间创造半公开、半私密的交往场所。外巷埭临街每隔一段路，铺石路面就会发生变化，有碎石铺就的，有鹅卵石铺就的。在每个商铺的前头，都还有一个河埠头，河埠头的上面，是用 4 ~ 5 块石头筑成。

里巷埭是荻港古老的街市，长约 1000m，整个建筑结构由砖瓦木梁构成，展现了江南典型的"小桥流水"风韵。河边屋檐下建有木结构长廊，既起着遮雨避风寒的作用，又使荻港格外雅致，系连着村民，促进交流（图 5-16）。现在的里巷埭依然是荻港的商业街，饮食店、百货店、杂货店、理发店等店铺林立。在横竖相间的石板路上慢行，能看到传统剃头匠早已失传的"绝活儿"，滚眼珠、敲背、掏耳朵，这些熟稔的生活场景，像江南水乡中活着的文物，映在平坦悠长的青石板路上。

图 5-16　水边遮雨避风寒的长廊

（图片来源：郑洁拍摄）

（2）广场空间

水运促进了商业的发展，促成了公众生活的发生，因而也形成了水乡特有的广场形式——"水上广场"。广场常设置于水乡入口或闹市附近，多位于河面加宽处或河道尽端水面加大作为泊船水湾处，与水湾、水埠或码头结合在一起，形成水上广场。荻港村的入口广场，具有水上广场的特征，它与河湾结合在一起，采取开敞的形式，借助水面来界定其界线。这里也是老人小孩的主要休闲娱乐场所，小孩在这里嬉戏，老人在这里晨练、纳凉。水上广场沿水设置多级台阶，在水涨落时均可接近水面，既方便大宗货物的装卸从又可供较多人洗衣汲水，提供了日常交往的空间，成为富有水乡风情的典型公众生活的场所。

（3）石桥

受浙北平原地理环境、水利交通、商贸经济、生活习俗的影响，桥作为江南水乡经济和社会活动最活跃的载体（桥底可通行船只，桥头可成货物集散贸易的广场），是地区经济、历史文化发展的见证。荻港村内河港如织，四水交流，古桥众多，有记载的共34座，多为石桥，其中较为有名的石桥有秀水桥、隆兴桥、三官桥、余庆桥等（图5-17）。桥梁在河流两岸交通往来中发挥着重要作用，确保了陆路交通

图 5-17　荻港村的石桥

（图片来源：郑洁拍摄）

的连续性，同时桥梁及桥头场地是人们茶余饭后、游憩观赏时集聚交流的重要场所。桥梁在样式、质地、构造、文化内涵上的特色，使其作为村落中一种观赏价值极高的景观要素，极大地丰富了水系景观的内容。

（4）驳岸

驳岸是水陆交界线处天然或人工形成的防护体，通常发挥着稳固堤岸的作用，避免因水体冲刷而造成河岸侵蚀和破坏，为水岸场地安全稳定提供保障，沿河两侧建筑的路基向河道微微倾斜，利于雨水流向河道，保证驳岸的稳固性。荻港村内的驳岸除了满足防洪排涝、保障水岸安全等需求外，常结合水埠头、水边栏杆、坐凳等内容，并在驳岸节点扩大处放置石桌凳等小品设施，满足居民取水、用水、休闲娱乐的需要。驳岸较多地采用直立式硬质驳岸，多用石块垒砌，坡度比较大（图5-18）。

图 5-18　荻港村的毛石驳岸

（图片来源：郑洁拍摄）

（5）水埠

村落中水埠头随处可见，在水体边缘多以阶梯状伸入水体，提供较为便捷的亲水方式（图5-19）。"家家踏度入水，河埠捣衣声脆"生动地描绘了村民聚集在水埠头劳作的生活场景。荻港村的水埠众多，各式各样，玲珑精巧，有驳岸式，有悬挑式，有凹入墙内的，有的靠墙实砌，形成丰富的凹凸感与进退感，打破原有单调的线性河岸空间，丰富水体岸线的空间层次。在外巷埭沿河街道分布有公共水埠，水埠临水面开阔，可以停泊较大、较多的船只，埠头旁边仍保留镶嵌在驳岸上的系舟石，方便船只停靠，人们则在水埠边交易、取货、迎宾送客。在里巷埭沿河人家中，在房屋之间留出的空挡间建半公共水埠，主要为左右的人家和对面不临河的人家共同使用；沿河的家庭，几乎家家有水埠头，人们每天在此洗涤、取水、停泊、交易。

图 5-19　村落中的半公共水埠

（图片来源：互联网）

4. 村落水系的理水特点

（1）具有植根于"水"空间环境中的独特的自然景观

水是江南地区的灵魂。江南水乡村落地处深厚的"水"背景之中，该区河湖密布，水域面积大，特别是位于太湖附近的地区，是我国水网密度最高的地区。在江南乡村，渠道水网交织，水塘星罗棋布，丰富的水域自然生境条件与农村建设用地犬牙交错，"因水成市、枕河而居"的空间格局形成了江南传统乡村特有的水网格局。荻港村的建设以遵从自然地形、地貌为依据，在沿河滨水地段，道路随江、河、湖、塘、溪流的自然形态顺势弯曲，既保持水体沿岸优美的曲线形态，又令堤坡跌宕起伏，景色变化丰富。水道纵横，街水相连，两条主要河流与运河构成村落的骨架，街道、建筑沿河流展开，构成丰富的空间层次。

纵横交错的水网格局不仅创造了荻港村的水乡特色，还给当地带来了良好的生态环境。水系在调节温湿度、净化空气、吸尘减噪、改善小气候，有效调节乡村的生态环境、增加自然环境容重等方面都发挥着重要的生态功能，促进着乡村持续健康地发展。

就村落水环境开发来说，沿岸建筑、道路、埠头、桥、亭等的建设与施工，都保留其质朴的味道与古朴的美，力求朴素而去雕饰。与屈曲生动的河流气脉相融，彰显了水脉形态的古朴美。

（2）体现围绕"水"而生的村落生产、生活及娱乐活动

江南村落具有丰富的水资源，河网密布，水美土肥，是主要的水稻产区和淡水鱼等水产品养殖基地。水乡农业成为水乡村落水域生态系统的重要组成部分，成为水乡村落重要的特色标志。荻港村隶属湖州市，是江南农业和养殖业的重要基地。丰富的水资源也成就了发达的水路运输，其具有运量大、能耗少、投资少、占地少、成本低等特点，在长江水网地区发挥着重要的交通运输功能。荻港村具有便利的水运交通条件，其紧临京杭运河，历史上曾经是浙江省的农产品交易中心，从而孕育出荻港古村外巷埭、里巷埭两条传统商业街巷。

桥是构筑水乡独特魅力的重要因素，是河网地区不可缺少的交通构件。桥能保持陆路交通的连续性，方便生产和生活，是水陆的立体交叉。荻港村中心村落面积虽然只有 1.3km²，桥梁却有 34 座。水乡的桥，千姿百态。根据桥下有无通航的要求，而出现了桥下桥洞净空的变化，有拱桥、平桥、折桥几种。拱桥是最具有水乡特色的古桥，桥上行人，桥下行舟，体现了"小桥、流水、人家"的水乡风貌。

水埠是水乡生活的依靠，常为洗涤、取饮水、停泊、交易的场所，它是妇女们的领域性空间，在此可以劳动、交流信息，是人与自然、人与人交流的重要场所，构成了具有生活气息的社会生活空间格局。

（3）由"水"而生的空间形态及水文化

江南水乡与水有着血脉相连的紧密联系。因水成市，枕河而居，是江南水乡特有的景观风貌。荻港村的绝美之处在于其静谧灵动、可观可用的流水。水经门过院，既是人货运输交通要道，也是空间组织骨架。乡村小船穿水走巷，沿河叫卖，还有小船接送乘客，描绘了一幅"小桥—流水—人家"的江南画卷。

水乡是自然和人力共同雕琢的结果，强调人与自然和谐统一的聚居环境。水体的形态决定了村落的空间形象。如果说水是江南水乡的伸展轴，那么街弄是水乡的延伸网，它们共同形成了网状交通系统，构成了传统水乡的基本构架。网架之间主要的填补元素就是建筑，建筑组群与街巷相互顺应，共同服从河流的走向，反映到空间形态上，表现出人工环境与自然环境高度融合的特征，充分体现了人与自然和谐共存。建筑尽量占据沿河沿街面，并形成了"下店上宅"、"前店后宅"的集商业、居住、生产为一体的建筑形式。在水乡村落中有许多节点空间，这些空间节点与建筑一起依附于河流，共同构成连续性极强的线性空间。村落中蜿蜒流动的河流，曲折多变的岸线，富有生活气息的街道，尺度适宜的民居，紧密排列，共同整合出连

续的空间形态。

"小桥—流水—人家"描绘，一幅江南画卷，更是表达了一种文化意象。从春船菱藕到渔歌唱晚，从小桥流水到服饰民居，处处可以觅得水的影子。独特的自然环境造就了江南地区特定的水文化及具有水乡特色的传统物质元素，如小桥、水井、水车、渔船等，它们承载着当地人与水密切相连的生活习俗。

第三节　传统村落的理水特点

传统村落水系景观设计的重点是借用自然之水营造良好的居住环境。如荻港古村利用原有的河网水系与京杭运河相连，水流经每一家门前，既提供了洗涤等生活用水的方便，又形成了便捷的水路运输，还赋予整个村落清新淡雅的感觉。江南水乡这种以水为脉络和肌理设计而成的水系景观，表达出一种生态学和环境学的设计构想。又如皖南宏村也是一个以水系设计闻名的古村。村落引入西溪之水，由水圳流入村中心的月塘和南面的南湖，村中"家家门前有流水"，处处充满生机。古宏村人认为水是村落的血脉，没有水就没有了生气，"流水不腐"，流动的水不仅能带来生气，还有利于水的净化，也充分表达了古人朴素的生态学思想。

一、系统性的水景

1. 自然水系统的一部分

（1）来源的自然

自然界的水系是一个复杂的系统，大小层级、枝干分明。村落的水系是这个复杂系统的细小分支，它是自然水系的一部分，像一个细胞存在于自然水系肌理之中。人们开沟凿渠，引水入村，潺潺的水流供村民取用，最后流入池塘或河流，利于水产养殖和树木庄稼生长。水体层层下注，最后蒸发升腾为云雾阴雨，又回到自然水系之中。终年不绝的周而复始，构成了良好的水资源生态循环系统。

作为村落水系水源，从构成形式上可分为两种：一种是不间断水源，即水井、溪流等；一种是间断性水源，如雨水等。

（2）走势的自然

水源于自然，水无常形。自然界中的水随形就势而蜿蜒，宽窄深浅不一（图5-20）。传统村落中水系的特征，崇尚自然的形态，特别在人居聚落的选址中，更是喜爱水的环抱、屈曲，忌讳规则的几何图式。

图 5-20　随形就势而蜿蜒、宽窄深浅不一的流水

（图片来源：杨国群拍摄）

2. 区域水体的系统性

这里所指的系统性，指的是村落区域内的水系是一个相对独立的整体，这个水系网络除了与外界自然水系来去相连外，它自身是一个完整的系统。它不仅具有多样的水系形态，而且由沟渠相连将各个形态水体组成一个完整的水系网络。各个水体之间是相互贯通的，可以通过设置水坝、水堰来调整局部水体的水量，保证水系的平衡和稳定。

二、实用原则下的理水

传统村落对水的利用主要是为了满足村民们的生产、生活需要以及精神需求，很少是从单纯的观赏性出发的。从传统村落的选址、内部空间的组织、建筑的形式以及日常的活动都与水有着密切的关系，都在不同程度上利用着水系。尽管现代的乡村生活已与传统村落大不一样，但传统村落对水系的适应及利用方法仍然具有重要的借鉴意义。

1. 生存出发的水系营造

水是人类生存的基础。从大禹治水开始就存在为生存而理水的活动。无论是从生活用水出发的理水，还是为了交通、防护的需要而形成的理水，这些都是从生存出发而营造的水系。人们可利用水资源浣洗、灌溉、水产养殖，利用便利的水运进行贸易往来，利用水资源为木质建筑防火（图5-21）。而对于古村落总体空间形态而言，水系构成整个村落的骨架及脉络，道路依附水系存在，从而形成水路相依的村落格局。水源乃是古村落命脉之所在，建筑依水而立，村民依水而居，庄稼依水而生。这是古村落居民适应自然、改造自然、创造事物的生存智慧结晶。在科技发达的今天，人们仍继续受惠于古人卓越的理水工程，并不断研究着它的精妙。

图 5-21　婺源李坑建筑依水而建，村民伴水而居

（图片来源：作者拍摄）

2. 多功能复合的空间

在传统村落中，存在着许多复合的多功能复合型空间。人类的活动离不开水，在临水的空间中广泛存在着各式的复合空间。如桥头空间，人们在这里过桥驻足攀谈。桥头附近往往还设有埠头、酒楼、茶馆，这里聚集着买卖商品的小贩，酒足饭饱的食客、百无聊赖的茶客，小小的桥头广场汇集了商业、交通、公共交往等多种功能（图5-22）。又如水埠空间，水埠不仅是装卸货物、商品交易的空间，还是洗衣、

淘米、洗菜等村民聚集的空间，妇女们在此洗衣攀谈、儿童们戏水玩耍。传统村落中的复合空间并非刻意设计而成，而是居民长期生活的经验总结，是最符合人们行为习惯的空间形式，也是为居民量身定做的人性化空间。

图 5-22　桥是乌镇的一景

（图片来源：互联网）

三、宜人的水景空间

1. 小尺度、小场所的水景观

传统村落中的水系空间尺度通常较小。水系空间的形成受当时条件所限，仅有一些基本的劳动工具，基本上在人力所及的范围内，形成的村落水系空间尺度多为人的身体或心理可控距离之内的尺度，一般都在 10 ~ 20m² 左右，并且大部分场所围合感比较强，是适宜的交往场所，给予居民参与活动的可能性。如村落小桥由于小巧的体量、近水的形式吸引着游玩的人们，走在桥上，伸手即可抚弄柔水，侧耳即可倾听溪水的耳语。

2. 安定而富于趣味的水景观

传统村落中的水系常随着地形的起伏而蜿蜒曲折开合有度，水边植物枝繁叶茂，自然曲折的水道，为水生动植物提供了栖息之地，形成了自然富有宁静感的风景。爬满青苔的井壁与光可鉴人的井台、溪流边与树根缠绕在一起的亲水台阶形成了一种让人舒心的、安定的、耐人寻味的空间。

村落中的水系由于生态环境较好，特别是靠上游区域，水质清凉，水中也有不少鱼虾，于是小孩篓鱼、大人垂钓、游人戏水，居民的生活因为水而更富于乐趣，水为村落带来灵性。

3. 地域性的水景观

由于技术和交通条件的限制，传统村落水系的设计和施工均是当地居民，他们对自己的生活环境、生活习惯非常熟悉，他们根据现有的地形及材料，营造出符合当地居民生活习惯、且与其他地区不同的特色水系景观（图 5-23）。

图 5-23　南浔古镇：富有地方特色的水系景观

（图片来源：互联网）

四、生态型水景设计

传统村落中，生态型水景设计其主要表现在对水系自然环境的充分尊重和巧妙利用。

1. 多变的地形

传统村落在修建水系时受当时生产力水平的限制，无法做大量的土方工程改造，只能尽可能地减少土方工程，最小限度改变地形地貌特征，依山就势而为。所以就保留了原有地形的起伏和凹凸，造就了多样空间的可能，为多样的动植物创造了适宜的生存场所。

2. 多孔质的表面

传统村落中的驳岸、池底、道路的表面均由当地自然材料构成，这些自然材料的表面多具空隙，具有保水性和透水性（图 5-24）。另外，这些自然材料在垒砌过程中也会产生一定的缝隙，既可以透水，也为小型动植物提供了一定的生息空间。

3. 多曲线的水道

传统村落中，顺应地形的水道蜿蜒曲折，跌宕起伏，形式各样，产生了很多不同类型的小空间，适合生物的生息繁衍。对于水陆两栖动物而言，水路交界处是其最适宜的生存空间；就鱼类而言，树荫下草丛间是它们的乐园。不论哪种水道，都有与其环境相适应的水生动植物繁衍生息。

图 5-24　自然富有野趣的水系

（图片来源：作者拍摄）

第六章
传统村落水系规划内容与对策

第一节　传统村落水系发展规划的内容

水系发展规划是指对村落以及相关专业范围的水系进行综合规划。结合传统村落的发展，完善村落的水系建设，保护自然的水系生态环境，控制污染，提高水质，改善水资源生态环境，以利于村落的防洪排涝和生活、生产供水，促进村落开放空间和绿地系统的发展，以实现人水和谐与社会经济可持续发展为目标，创造生动、优美、富于特色的村落水系空间和良好的人居环境。

村落水系的发展规划内容应当包括以下几个方面：

（1）在研究村落水系现状的基础上，分析村落水系的特点与潜力，制定基于水系生态环境保护与利用的村落空间利用规划。

（2）挖掘传统村落水系特色资源，优化和构建水系特色空间。

（3）针对传统村落现状水系资源，提出合理保护利用以及整治措施。

（4）我国传统村落历史悠久，其承接了千百年人类文明积淀，形成了清秀的自然景观和人性化的聚落形态，水系在村落的发展中起着举足轻重的作用。在经历了数百上千年平缓悠然的自组织空间发展历程后，现代工业文明改变了传统村落的发展轨迹，加速了村落结构与形态的变化，并构成对传统村落文化的冲击。为此，必须进行传统村落水系保护规划及远景发展构想等。

第二节　村落水系发展规划的目标与原则

一、目标

以传统村落水系的保护和利用问题为出发点，从历史文化保护和生态恢复角度出发，将历史文化价值、经济学价值、生态价值、规划保护研究相结合，用历史的、发展的眼光对待保护，强调水系自然环境的保护与规划的整体性，将传统村落水资源保护、农村建设、开发旅游资源、发展地方经济相结合，进行保护性利用、开发性保护，拟解决保护与利用的矛盾，使传统村落的民俗文化特色、文化内涵、水空间特色、历史风貌得以有效保全，有效保护具有地方特色的村落历史文化。

二、原则

水系是村落形态的重要组成部分，村落的生产、生活离不开水系，水系已经融入村落的自然生态系统、经济生产系统之中。水系景观建设需要与村落的发展现状相结合，充分考虑到水系的自然属性、村落文化社会属性以及村庄的经济属性三者的相互协调与促进。

1. 整体性原则

村落水系环境景观不是孤立存在的，水系与村落之间相生相融的密切关系决定了在进行传统村落水系环境景观设计时，应当将水系环境景观置于传统村落整体大环境之下，使二者形成统一协调的风格。水系环境景观设计过程中会涉及生产、交通、环境、卫生、生态等多方面内容。在规划过程中需要从整体出发，明确村落现状与未来发展目标基础上，合理安排构成水系环境景观要素之间的关系，以及水系景观与村落其他方面的建设之间的相互关系，全面统筹村落水系环境景观建设各方面安排，以符合村落整体发展需求。传统村落具有独特的地域个性，这是千百年来的历史积淀所形成的宝贵遗产。在进行水系环境景观设计之前应归纳整理所有能够体现乡土特色的景观语言，遵从传统村落固有的表达方式，延续村落固有的风格。

2. 生态性原则

村落的库、河、溪、塘是一个复杂而又完整的自然生态系统，单一的治理或者某一因素的改变，都有可能影响到整个水系统的变化。因此，水系的规划要遵循自然规律，从系统的观点进行库、河、溪、塘全方位的考虑，充分发挥自然的自我修复能力。同时，水体是村落水系环境景观中最富有生命力、最生动活泼的元素，是整个水域生态系统中不可或缺的组成部分。水体与陆地之间不可分割的地缘关系，使得水系环境景观空间受到水域与陆地生态系统的共同影响，从而呈现出明显的生态多样性。水域与陆地交接的地带，百花争艳、万物竞生，植物种类多样，食物链复杂，稳定的生态系统为水系环境景观空间提供环境基础（图6-1）。目前村落水系生态环境现状日益严峻，水系景观建设要采取一些符合生态学原理的措施逐渐解决水体环境被严重破坏的问题。提高生物多样性，维持村落水系自然生态过程及水系功能的整体性、连续性，保护村落生态走廊，促进水体的自然循环，为水系环境景观设计提供良好的生态建设基础，最终实现村落水系生态复兴。

图 6-1 充满生气的堤岸

（图片来源：互联网）

3. 文化性原则

一方水土养育一方人，自然水体是孕育村落历史文化发展的载体，不同地区的自然水体有着不同的特性，或涓涓流淌或奔腾而下，也因此成为传统村落特有的印记。水系环境景观空间形态是自然环境、文化观念和经济发展水平共同作用的结果，反映了传统村落的历史文化特征。在滨水景观设计时应对场地原有的滨水空间格局进行分析和梳理，村落水体承载的精神记忆和文化特征需要在不断地继承中丰富发展。传统村落有着许多丰富有趣的滨水空间，对于村落中的临水建筑、古井、古桥以及水工构筑物予以保留，充分尊重传统村落的历史文化，为村落居民和游客提供一个人与自然和谐共生的环境（图 6-2）。

图 6-2 婺源具有地方特色的彩虹桥

（图片来源：作者拍摄）

4. 人性化原则

传统村落滨水环境作为公共空间，是一个能感知生命和自然的空间，其直接服务对象就是"人"这一恒定的主体，他们同时也是传统村落文化的载体。因此设计须从人的实际需求出发，强调其复合功能性，在满足人心理感受与交往需求的前提下尽可能做到"可见"、"可近"、"可触"，促进人与自然的融合，营造良好的滨水空间，充分发挥滨水空间的休闲功能、承载功能，塑造具有亲和力、归属感的滨水人文景观（图6-3）。

同时，居民是村落水系保护与利用成效的直接参与者，尤其是水系沿岸的居民，在规划设计时要广泛征求沿线居民的意见，并充分听取居民对水系环境景观规划的态度和需求，选择性的采纳居民提出的意见，让居民对水系的保护与利用产生共同的价值观和认同感。

图6-3 富有生活气息的滨水空间

（图片来源：互联网）

5. 经济性原则

为有效地保证村落水系环境景观建设活动顺利开展，以村落经济发展条件为基础，制定合理的村落水系环境景观建设方案，将政府资金投入与群众自发性建设相结合，通过方案比较为资金匮乏的村落选择合适的设计方案，因地制宜，把握乡土资源优势就地取材，以有效降低水系环境景观的建设成本以及后期景观设施养护费用。而对于资金充足资源丰富的村庄更要避免其盲目建设，为保证村落风貌的整体性与协调性，根据村落实际情况来安排近远期项目建设。促进村落水系环境景观在发展村落休闲旅游以及吸引外部资金投入上发挥作用，在设计的同时也要考虑及策划到方案带来的经济效益和回报。

第三节　传统村落水系环境景观的现状

随着城市化脚步的加快，各地城镇建设力度的加大，传统村落也进入了改建、修建的阶段，一些村落在建设过程中忽略了生态环境的脆弱性，以及与传统村落尤其是水系不相适宜的发展方式（如沿河布置污染严重的企业），导致产生许多问题：

一、村落水体污染问题突出

随着经济水平的高速增长，现代化的基础设施建设，改变了村落居民传统的生活方式。自来水、抽水马桶、洗衣机、淋浴设施走进了普通农村家庭，人们对水系的依赖性也随之减弱。另一方面由于现代技术的不断提高，农药、化肥合成洗涤剂的使用量大大增加也远远超过河流的自净能力。化肥污染、农药过度使用导致水体富营养化加剧、藻类滋生；生活污水、禽畜养殖和农村工业产生的废水、污水的直接排放都对村落水系产生了严重的影响（图6-4）。面对这些被污染的水系，人们

图 6-4　富氧化和堆满垃圾的乡村河道

（图片来源：作者拍摄）

采取了消极的处理方法。有的任其变质发臭，最终变成垃圾堆埋场；有的河流、湖泊被填满，用作乡村建设用地。人们对水环境的忽视和破坏，加重了水网格局的破碎度。从实际情况看，广大乡村地区的村落分散，且长期投入少，村民的环保意识薄弱，污水排放管理机制的不健全等条件的制约，导致农村水系治理的任务十分艰巨。

二、水系环境景观建设中生态性考虑不足

水岸空间属于水陆交汇地带，在自然河流中水岸空间原本具有丰富多变的自然景观和季相特点。但是村落水系水利工程的建设多以防洪排涝保障村落的安全及少占耕地为出发点，生态河道的理念没有在乡村水利工程中得以有效体现。过分强调水系的防洪、排涝、排污的等功能，其滨水建设往往与渠水建设并行，河道的驳岸多采用垂直硬质驳岸，河流完全被渠道化、人工化（图6-5）。乡村水岸边缺少水生植物及水陆两栖动物的生存空间，水域栖息生物减少或消失，从而导致了水体自然生态系统平衡维持能力下降。

图 6-5　渠道化、人工化的河道

（图片来源：陈笑天拍摄）

三、水系环境景观内容组织联系性不强

由于人类的活动，使原来完整的水系环境景观被分割成大大小小许多不同的斑块，形成破碎化的景观。水系环境景观破碎度的增加主要来源于人类活动的增加。

水体被道路、商业区、住宅区、街道挤占，溪沟被填埋，水体面积明显减少、破碎化。由于村落水系景观缺乏统一的规划，各个水系景观空间相对独立，缺少相互呼应，之间的联系性、可达性也差。各个景点空间与水体的关联性不强。

四、水岸场地空间缺乏吸引力和特色

现有村落水岸空间的设计多数是在原有水埠、水巷、码头等生活性场所的基础上，结合驳岸建设，增添休憩平台、植物、坐凳、健身设施。设计未能考虑现代生活环境和生活习惯的变化，人们的精神和生活需求的变化。水边泛滥着简易的平台或木栈道，或是随意的几步台阶下到水岸边，便成就所谓的"亲水性设计"。这类空间虽然发挥了一定的职能作用，但是文化价值与艺术价值较低。而且村落在发展过程中，很多水边的特色构筑物如桥梁、风水塔、水廊等拆迁、重建，原有的地方符号逐渐被现代可复制的内容所代替，村落水系环境景观的地方特色逐渐消失。从而导致传统村落滨水景观风貌缺乏特色，景观空间缺乏场所精神，而传统村落的地域个性也日渐模糊（图6-6）。

图6-6　缺乏特色的水景空间

（图片来源：作者拍摄）

五、河道功能的退化

随着科学的发展，技术的进步，经济的繁荣，人类工业程度的不断提高，越来越多的村落形态发生巨大的变化，再加上陆运、航运的迅速发展，原先为村落提供一系列便利的水系已然丧失了部分作用。而随着河道的交通运输功能由优势转为劣势，原本依赖水运的改为陆运、航运，河道逐渐荒废，沿河两岸已不再是往日的景象，不再是适宜生活、居住的宜人地段，传统的使用功能不断退化（图6-7）。

图 6-7　河道功能退化、河床被杂草侵占

（图片来源：作者拍摄）

六、对水系保护重视不足

目前，对于传统村落的保护主要是借鉴文物保护、历史文化名城、名镇的保护方法，主要侧重于对村落风貌、村落形态、村落建筑及构筑物的保护，水系仅作为重要的环境因素加以考虑，或者仅对某局部地段的重要水系加以保护，而很少或几乎没有将水系看作是一个完整的水系网络加以保护，忽视了水系的完整性、复杂性和多样性。村落水系作为村落的一个重要组成部分，见证了村落的建设发展过程，是村落历史文化的重要表现载体。在现有的保护规划实践中，往往局限于对水系现状及问题的描述，忽略了村落水系的重要作用和文化内涵，及其与村落的建设发展是密不可分的关系。

七、水系保护缺乏保障

目前对传统村落的保护资金主要来源于政府划拨，且主要用于村落文物单位、历史建筑等的修缮维护上，水系作为重要的环境要素其治理很难得到相应的资金保障。同时，传统村落的基础设施落后，改善民生首先要改善基础设施条件，给水排水管线的铺设是现代意义上的基础设施建设，与传统的水系供水、排水没有必然的联系，有些村落只是对局部的沟渠进行改造，水系保护与整治的资金往往难以保证。

另一方面，传统村落水系的建设与维护都有相应的"村规民约"进行约束。随着村民生活方式的改变，水系逐渐被废弃，原有的"村规民约"渐渐失去了约束力，水系的破坏和污染日益加重。

第四节　村落水系规划的对策

村落的发展离不开水的依托。随着社会发展的不断推进，城市化进程显著加快，很多村落的水环境遭到破坏，例如饮用水被污染、绿化植被显著减少等，对当地农产品、水污染和物种多样性带来极大冲击，难以实现经济的可持续发展，保护地域景观风貌和地方文化延续的工作得不到落实。因此想要改善村落水环境，就必须加强科学规划和制度研究，通过科学合理的方式再现水清鱼翔的村落风貌。

一、改善流域水体环境质量

综合流域水体污染现象进行分析，发现流域两岸的农业、工业污染是导致水体污染的主要原因。陆地上人们的生产生活方式对水体产生极大的影响，最终这些影响因素以水质的方式表现出来。水系始终以流动的方式相互连通，因此必须在治理水系污染的过程中贯彻落实城乡联动工作，统筹兼顾，在宏观调控布局的指导下，优化流域周边产业结构，实现工农业的现代化转型，保护周边的生态环境。

要基于污染源头展开水体污染的治理工作，加快解决目前村落地区产业发展对水体资源带来的污染问题，促进企业的现代化转型，实现生产管理措施的强化改革，以尽可能少的污染获取尽可能多的效益。企业要积极落实先进的实用技术和生产工艺，实现工业污染整治的最终目标，充分发挥科技创新、工艺改进的优势，解决企业工厂排污量大的问题。区域范围内有部分小企业存在"污染重、层次低、布局分散"的缺陷，此时要采取合适的手段对其产业布局进行调整，提高现代化生产工艺水平，在政府的引导下淘汰落后产能，实现绿色生态、环保工业、低碳产业的整体规划。另外，要将环境监管落实到位，充分发挥公众舆论监督与司法监督的互补性，完善环保行政执法的监管体系，提高企业环境违法行为所需付出的代价。如果某区域水系环境已经遭到严重的破坏，则需要在专家学者的帮助下制定修复策略，按照实施计划改善流域水体环境。

同时，要在传统村落水系网络当中融入现代生活理念，实现历史水系的现代化功能。在制定保护规划的过程中，首先要针对性分析水系网络的构成要素及其特征，将其与现代生活需求相结合，实现优化改造的目标，与实践生活相适应。例如，针对保护水圳的过程进行分析，首先可以发挥其本身的排水功能，结合现代排水技术和理念改造沟渠断面（如图6-8所示），从而实现分流雨水和污水的目的。生活污水和雨水的排放分别借助污水管和原有明沟，不仅发挥传统水系的功能性，还尽可能地美化了村庄环境。

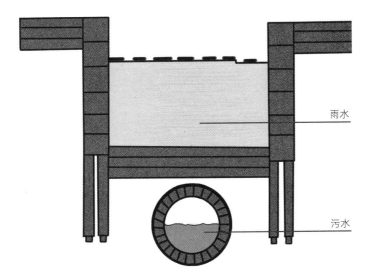

图 6-8　水圳改造断面（雨污分流）示意图

（图片来源：赵紫彤绘制）

在贯彻落实水系保护的进程中，要将传统技术和环保材料的作用发挥出来，并与现代技术与材料相融合。以水圳为例，要利用传统石砌作为其上部排放雨水的明沟，同时将钢筋水泥制成的现代化排水管网设置为下部污水排放区域，将现代技术材料和传统技术材料相结合，发挥出最大功效。

村落的给水与排水分流设计，尤其是对生活污水采用生物净化处理方法，通过污水管道排入村外池塘或田间地表，以利树木庄稼生长或水产养殖，从而提高水的重复利用，减少对环境的污染。

二、保障水网河道畅通

村落水系当中所包含的水体形态多种多样。随着村落建设范围的不断扩大，使其周边环境发生显著的变化，进而造成村落环境需求与原有水体结构之间的不相适应。对村落水系环境的历史成因进行分析，基于村落水系结构完整性为切入点，调整优化水系平面结构，从而展开水系空间规划的工作，丰富村落水系环境的水体活力，使其更容易适应现代化村落的环境需求。

水系形态结构较为出色的村庄，水系形态结构要作为周边建筑、道路和农田水利的建设依据，尽量避免占用水体面积，保护水系形态结构的原有属性。对于原有的河道，在保证河道不再被破坏的前提下，对断头河道进行疏通，构建流动水系，形成生态循环。在进行开发建设时，尽量保护河道的自然宽度，防止新的侵占河道行为。在已经修建防洪堤区域，结合周边建筑的改造，对于年久失修已经破败的旧房，应逐步拆房还河道。对于受到生活垃圾严重污染的河道，要进行污水治理，改善水体质量。另外，要提高水系周围的植被面积，建造完善的生态廊道。同时，水体流动和循环可以基于水利机电的外力作用得到显著加强，提高村落水体的流动循环效率。

三、维系良好的村落水系生态环境

首先，治理已污染水体，恢复良好的水系环境。水污染已成为农村地区最严重的环境问题之一，严重威胁到人们的日常生活，水系污染的治理刻不容缓。水系的整治要与水系环境的保护结合起来，适应村民现代生活方式需要，恢复村落水系的生活功能和景观功能，是村民的迫切需要。

在进行村落水系环境景观开发建设之前，首先要把水质的改善、水环境生态的完善作为开发建设的前期工作。在天然水体中拥有大量的微生物，它们具有分解有机物并将其转化为无机物的能力。水污染的生态治理主要指借助人工措施来创造有利于这些微生物繁殖和生长的环境，以增加微生物的数量，提高它们对水体中有机物的降解能力。同时，合理的水体植物种植能有效地恢复水体的健康状况，为微生物提供适宜的生存、栖息环境，促进微生物的生长繁衍，改善水岸带生态环境状况；一些水生植物的根系还能吸收和分解某些有机物，改善水质，充分发挥水生植物的生态修复功能。

其次，恢复河道的自然驳岸，重视滨水绿地建设。驳岸是水体与陆地的交界面，是水陆交接的过渡带。驳岸的形态影响水域的形态，驳岸的设计在满足防洪要求的前提下，应进一步协调好亲水性和景观生态之间的关系。在村落内部，已经遭受严重破坏的水岸带可结合生态驳岸建设，在石缝中填充土壤种植水生植物，或者采取水生植物浮床等措施进行一定的生态补偿，也使水陆界面得以自然的过度（图6-9）。生态驳岸具有高孔隙率，可将滨水区的生物与堤内的生物连成一体，构成一个完整的河流生态系统。这个河流生态系统通过微生物分解、消减有机污染物，从而提高水体的自净功能，改善水质。

图 6-9　生态驳岸示意图

（图片来源：赵紫彤绘制）

四、构建区域水系景观网络

水系的自然属性和社会属性决定着村落水系景观建设不能仅仅只考虑村落范围内的水系建设，而应该从宏观角度提出构建区域水系景观网络，有效减少流域层面的水系景观建设、水系环境治理与村域水系环境景观建设的冲突。

站在宏观角度看待村落水系景观建设，结合区域水文资源概况，建立区域统一的水文规划目标，改变村落水系景观建设各自为政、互不相关的局面，建立流域范围内水系环境景观相互联系、互相促进的关系。并在规划上，严格保护水域用地，对村落未来发展可能会带来的水域周边用地性质的变动，须有充分合理的预测，从总体上确定村落水域的发展方向。

五、加强滨水公共空间的构建

水系孕育了平原地区的乡村和城市，积累了浓厚的历史文化底蕴。人们总是自觉和不自觉地趋向水边，欣赏其明净的、多变的奇妙景色或在滨水区域举办传统的民俗文化活动。这些活动的场所往往是由建筑、桥梁、码头、水体及植物围合而成的大小不一且较为分散的空间，其界线相对较为模糊，起着人流聚散、空间转化的作用。这些空间大多数还是复合空间，具有集会交流、晾晒谷物等多重功能。在城乡开发建设过程中，村落水系的历史人文资源对于地区发展的重要性没有受到足够重视，导致许多重要的历史遗存随着水体的减少、村庄的消失而被掩盖。人具有亲水性，早已为一个规律存在着，并运用于人类生活环境的设计。村落滨水空间的设计首先要"以人为本"，重视村落文化的传承，强调人与自然的和谐共处，通过公共空间的设计达到社会对使用者的人文关怀。其次，要满足村民亲近自然，与水接触的需求，创造富有人情味的空间。最后，村落滨水空间的设计要与村落的人文景观、自然景观相协调，共同构成有序的村落景观，促进村落的复兴与发展。

六、提高对村落水系保护的重视加强公众参与力度

村民是村落水系保护与利用成效的直接参与者和受益者，在水系保护中，应发挥村民的主人翁意识，使村民充分意识到自己是家乡建设的主人，调动村民改善人居环境的积极性，参与其中。宣传村落建设和水系保护的重要性，提高村民对村落特色保护重要性的理解。在村落水系建设资金匮乏的情况下，积极组织并指导村民自主修缮和整治水圳、驳岸等与其生产、安全密切相关的水系网络，提供技术支持，具有可实现性。在水系保护与整治的实施过程中，要从村民的角度出发，提出适应当地人生活习惯的村落地域特色传承方法策略，并加以实施，让村民对水系的保护与利用产生共同的价值观和认同感。

在完成规划设计并得到实施之后，结合传统村落中水系环境的保护和控制要求，制定与村民生产生活相适应的规章制度和行为规范，避免村民不良的生活习惯和违章搭建对水系造成的破坏。还要建立长效的管理机制，落实管理机构、人员，划拨专项经费，负责水系的维护，解释并处理相关违规事件，使村落水系保护与利用规划落到实处。另外，为调动村民对水系保护的积极性，可实施适当的"奖惩机制"，激发村民的积极性。

第七章

案例分析

水是生命之源，是人类文明发展的摇篮，世界上70％的人傍水而居。

江南水乡，水乡泽国。我国江南地区自古就形成的水网交织、水塘星罗棋布的水乡风貌，是中国乡村中最富有特色的一类。然而，近年来随着村落的建设用地规模不断扩张，加上近年来运输方式的改变，道路运输、铁路运输、航运代替了原来的水上运输成为主要的运输方式，村落河道逐渐丧失了原有的功能。社会背景的变迁，动摇着所有江南水乡的繁荣基础，江南水乡的特色面临着消失的危险。加上村落空间的无序蔓延，加速了水系的自然结构退化，围湖造田、填埋水体、污染物排放、外来物种引进等等，都施加在江南村落水体之上。在水质变差的同时，水体面积也在不断减小，区域水灾不断发生，这些都使得江南乡村水系景观正处在不稳定的动态变化中。这在一定程度上破坏了村落环境和景观质量，对村落生态也造成影响，破坏了人与自然和谐共生的关系，村落风貌和人文特色逐渐丧失。因此，在经济快速发展的今天，通过对上海市奉贤区四团镇拾村村、浙江湖州市射中村的水系进行规划和研究，试图从实证的角度探讨一种以河流生态恢复为主兼顾亲水人居环境营造的规划建设思路，达到河流水系治理与生态恢复以及塑造乡村特色形象的目的，为农村河流建设提供一种思路，实现人与自然的协调发展。

第一节　案例一：奉贤区四团镇拾村村的水系规划

一、拾村村水系环境景观特征

1. 拾村村背景

四团镇位于上海市奉贤区东部，东北两面临浦东新区。拾村村地处四团镇东南角，总用地面积346.6hm²，主要用地为农村居民点用地、耕地、林地和养殖水面，见图7-1。村域范围东北部与S2沪芦高速相邻（沪芦高速是东南郊区与中心城区联系的主要通道），接壤浦东新区大团镇，西与本镇渔墩村相接，南与渔洋村毗邻。

拾村村地处江南地区，具有典型的江南水乡特色。因水而起，枕水而建，傍水而居，依水而兴，围水生长。河道呈"鱼骨状"布局，河道纵横交错、水网密集，其功能主要为农田排灌和水产养殖，见图7-2。建筑依水而建，围绕着街巷聚集，外围被农田包围，长期自然形成了宅院、田、水均质的空间肌理。经济生产主要以农业种植和水产养殖为主。

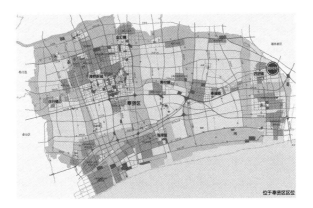

图 7-1　四团镇拾村村区位图

（图片来源：上海城市规划设计研究院）

图 7-2　拾村村河道水系现状图

（图片来源：上海城市规划设计研究院）

与上海郊区其他普通的村落一样，四团镇拾村村在城镇化过程中遇到了许多的问题与挑战。把奉贤区四团镇拾村村作为上海市试点村庄规划之一，旨在以点带面，探索上海国际化大都市的村庄规划建设新模式、新机制。本次规划以"江南水乡、美丽村庄"为目标，依托江南水乡格局，统筹乡村生产、生活和生态，建设宜居宜业、景色宜人、城乡互动的魅力乡村，为"美丽上海"描绘生动、精彩的一笔。

基础设施是乡村发展的重要条件。拾村村是一个地势平坦、低洼、水网发达，具有典型的江南河网地区特征，有着得天独厚的地理自然优势。一个合理的水系规划对凸显其江南水乡特色、美化乡村景观起着不可或缺的作用。

2. 拾村村水系的基本情况

通过调查发现，拾村村村域内的河道主要分为两级：一级支河 4 条，二级支河 8 条，以及其他支河若干条（本项目规划以河流的宽度及流经的流域范围来划分拾村村村域内的支河等级）。村域内水网呈"鱼骨状"排列，与村域内的大小湖泊、鱼塘相连构成拾村村的水网基底，村落、鱼塘、农田围绕着水系分布。

从水域的环境质量来看，村域内有一条城市高速公路和两条市级干道（道路红线宽 40m）穿过，占用了一定的水域面积，使水系通而不畅，甚至有部分河流成断头河。公路的建设也带动了村落的蔓延，建设面积不断扩张，使水域遭到侵占，河床变窄变浅，水流速度减缓，水体富氧化甚至发臭。在村落人口聚集区，由于乡村公共基础设施的建设不完善，尤其是垃圾处理及排污系统不配套，生活污水、生活垃圾不断排入、倾倒至河流，使河流成为最大的排污系统，造成河床淤塞，水系环境变差，水系的生态系统也遭到极大的破坏。在经济利益的驱动下，一些湖泊、荷塘逐渐被填埋成其他性质的用地，打破了拾村村原有的水系结构，使水系支离破碎，不成系统，拾村村的江南乡村特色正在逐渐消失（见图 7-3）。农田、鱼塘附近水域

图 7-3　拾村村河道现状：水质富氧化、水域遭到侵占、河床淤塞

（图片来源：作者拍摄）

的污染主要来源于农田、鱼塘的生产排灌而造成的水系污染，水体污染中有机物以及氨、氮、磷等营养物的含量较高。

二、拾村村水系规划理念和目标

1. 规划理念

理论一：生态修复理论。河流的生态修复就是在保证减少人为干扰的情况下，促使河流系统尽可能地恢复到较为自然的状态，这种状态下的河道具有自我修复、自我完善的特征，并可以提高生态系统的价值和生物多样性。本项目借鉴河道生态修复理论进行拾村村的河道修复，意味着对拾村村河道的修复，要尽可能地为河道生物的繁衍创造条件，减少人为干扰，保证水系的有效循环，维护动植物的生长，以促进人居环境的改善和生态系统的健康。

理论二：系统论。系统论的核心思想是系统的整体观念。拾村村河道的修复借鉴系统论的观点，从河道生态系统的整体性出发，考虑河道水系与堤岸、水系与动植物的相互关系、水系与周边环境的关系等进行综合考虑，以期达到河道生态环境的最优。

2. 规划目标

本次规划的切入点在于梳理整体水系的基础上，通过水体的修复，强化江南乡村"水"的特色，并将乡村特有的农业生产与水乡生活纳入景观建设之中，重塑乡村水乡风貌与文化。具体的目标如下：

（1）生态水系——注重河道的自我生态恢复

本项目的目标并不是直接处理村域内的水系污水，而是通过点—线—面的布局，构建景观安全格局，完善水管理系统和生态设计，实现水系的重建和修复。确立重要的水系生态廊道，形成网络发展，实现生态锚固。

（2）人文水际——注重乡村文化的体现与传承

拾村村村庄建设的无序导致村庄风貌的缺失，加上外来文化的侵蚀，传统民居及水乡空间特色逐渐散失。本次的拾村村水系环境景观规划结合其具有代表意义的风土符号：水、桥、渔、田，从自然、人文两方面入手，提高拾村村水乡景观辨识度的同时，体现江南乡村自然田—水—路—林的肌理关系，创造经济收益，激活水乡生态活力。

（3）效益水体——注重滨水空间的开发

滨水区域是水陆交界的地方，是动植物最富饶的地方，往往也是景色最优美的地区，是形成乡村景观特色最重要的地段之一。拾村村因发展缓慢而带来的村落空心化、老龄化现象，使得村落失去了昔日的活力，传统的文化和风俗习惯也逐渐消失，改变了村落的公共生活。本项目以开发水域空间为本，借以带动乡村旅游及公共活动的开展，重塑乡村文化。

三、项目规划的布局及主要措施

本项目的水系环境景观生态修复按点—线—面双向展开。从"点"上杜绝造成水系污染的入口，对造成水体污染的各个排水口进行水质监测，保证局部的水系生态环境。其次，拾村村水系的修复应结合整个大区域的绿化体系一起考虑，结合现状绿色生态基础设施廊道建设，将水系绿地纳入内陆绿地系统，组成大规模的生态网络，最终形成一个可维护的、稳定性强的水系安全格局。具体措施如下：

1. 将河道的建设融入奉贤区整体水系建设中

拾村村的水系是整个奉贤区水系的重要部分，因此在拾村村水系改造过程中，除了要从村落整体水系结构上进行规划控制外，更要结合奉贤区水系规划整治以及总体功能布局对拾村村村域水系进行规划控制。在规划上，要严格保护水域用地，对村落未来发展可能会带来的水域周边用地性质的变动，需要有充分合理的预测，从总体上确定村落水域的发展方向。

2. 完善水系网络格局，实现地面与地上部分的有机结合

拾村村的水系建设以河道整治为基础，结合绿色廊道的建设，突出人与自然的和谐。河道的整治以河道疏通为根本，使河道相互贯通、互为补充。局部地段可采用工程涵管等辅助措施使水系联通，使村域内的水系成为流动的水系绿网。河道疏通后水域总面积约 34.3hm²，占用地总面积的 9.9%。

拾村村村域内目前有一级支河 4 条，二级支河 8 条，以及其他支河若干条。本次规划以 4 条一级支河的综合治理为重点，二级支河的整治为辅。在河道整治的同时注重与绿化廊道的规划相结合，突出"水系、绿网"的自然生态格局；同时注重水岸滨水空间的营造，突出亲水、亲绿的乡村文化。规划确定"一网、一横、三纵"的规划结构，打造具有江南水乡特色的水系绿网景观，见图 7-4。

（1）"一网"：指由河网和绿道网络形成的具有拾村村村域特色的水系绿网系统，在系统中关注水系与绿化网络的重叠性与延续性。这里的水系主要指村域内各类水体，它与绿化网络一起形成一张覆盖全村的水系绿网。

（2）"一横、三纵"："一横"指拾村村村域内的东横河段，"三纵"指包家桥港、二泖港、连心河等三条支河。规划主要对这四条一级支河的河床进行挖深、拓宽，

图 7-4 拾村村规划总平面图

（图片来源：上海城市规划设计研究院）

滨水和河岸进行绿化、美化，使之成为村域内重要的河流景观廊道。

（3）其他 8 条二级支河及其他支河的规划主要包括疏通河道，恢复河道的连通性，建设河边亲水空间，形成具有乡村特色的河道景观。

3.疏通河道，保障水网格局的连续性和整体性

生物物种的繁衍和物种的多样性需要一定的区域面积，水系面积的大小在一定程度上也可以反映水系生态环境的良好与否。在快速的城镇化过程中，拾村村自然水系的面积在逐年减少，将会对水陆生物的生长和生存造成一定的影响。本次水系规划，在保证河道不再被破坏的前提下，清除河道淤泥，清理驳岸旁农民杂乱搭建的构架以及散落的垃圾，恢复河道的自然断面，疏通断头河道，形成流动的水系，促进水系的生态循环。预计拆除宅基地 0.36hm²，用于河道恢复。拆除区域主要集中于中心河、竖河及四团巷支河两岸。同时，还积极地进行退田还湖，将一些较低

的低产田、冷浸田退出，恢复水系的连续性和整体性，维持水域生态系统的健康与安全。

4. 建立一个完整的雨水地面汇集排放系统

规划改变现状雨水自然径流排放的方式，充分利用地区内河网密布的特点，通过地形设计，完善道路边沟，采用重力自流就近入浜的缓冲式排水模式。由于本地区位于圩区外地区，因此需适当提高路面标高。地区河道平均最高控制水位在 3.7m，因此本地区规划竖向地坪标高不宜低于 4.2m。选用透水铺装材料、恢复被填埋的河道、湖泊等一系列措施，充分利用降雨、地表径流收集，尽量将雨水引入地下水系统和现有河湖内，作为河道水源的补充。对于封闭的地面可进行自然化处理，鼓励村民对空地进行绿化美化，减小地表径流，增强雨水渗透等措施，提高河湖的蓄水能力。

5. 建设泵站，进一步完善排污计划

河道的整治已不再是单纯的工程内涵，应是综合整治。河道的整治除了要考虑雨水的收集问题，还要对污水的排放进行管制。规划拾村村村域内雨、污排放与奉贤区雨、污排放一致，实行雨水、污水完全分流的排水体制，污水处理率达 100%，污水不下河，排污管道与城市排污系统衔接，并规划在川南奉公路以南、新杨公路以西设一处污水泵站，用地面积约 800m²。

要彻底解决河道的污染，必须堵住污染源头。对村域内污染企业进行搬迁或技术升级，对污水进行处理，达到一定标准方可排放。

6. 采用生态手段和因地制宜的驳岸设计方式

驳岸连接着水体和陆地，它既是水的界面也是陆地的界面。驳岸的形态和走向对水体形态的塑造有着重要的影响，它同时也是生物繁衍生息的重要场所。拾村村村域内的河道主要承担防汛排涝、农田灌溉、调蓄、景观等功能。驳岸的设计应根据不同的区域位置及防洪标准要求，在满足防洪的前提下，尽可能地接近自然，完成自然的水陆衔接。驳岸的处理分为刚性驳岸和柔性驳岸。拾村村除局部设置混凝土刚性驳岸外，大多数均采用植物、木桩、卵石等天然材料构成柔性驳岸（生态驳岸）。由于柔性堤岸中拥有大量的间隙，这些间隙可以成为地下水与地表水流通的通道，同时也保留水体自然蜿蜒的形态。另外，柔性堤岸内的间隙，还可以成为水陆生物的繁衍场所，构成河流水系生态系统的一部分。如在村落人口聚集区及人工活动较频繁的区域，采用"蛇笼护岸"，其做法是将大小不等的石头装入铁丝笼内

以堆砌河岸，其特点是重力大和允许变形，可形成坚固且高孔隙率的护坡，适用于人为活动频繁且护岸占地面积有限的地方；在农田、鱼塘附近可采用"活桩堤岸"，其做法是将树桩直接插入堤岸，利用树桩成活生根后将土壤盘结为一整体而形成护岸。此做法比较适合在人为活动较少的自然地块；在村落边界地方可采用柳树、水杉、池杉等耐水植物护岸，这些植物的根系不但可以固土还可以成为动物的筑巢地，其地上部分可以成为村落景观的一部分。在处理好护岸的同时，要合理开发水体及周边尚未开发的土地，对于乱占土地、随意变更用地使用性质的现象要严格控制，力求形成具有不同职能、各具特色的滨水景观活动区，在人流活动较频繁的区域，布置亲水台阶，完善人与水的关系，见图7-5。

图7-5　拾村村河道驳岸设计效果图

（图片来源：上海城市规划设计研究院）

7. 延续历史文脉，挖掘水文化

水系是江南水乡重要的自然特征，是江南水乡文化的重要载体。"小桥—流水—人家"是江南水乡景观的典型代表，也是江南文化的抽象表达。本次规划挖掘维护拾村村的乡村地域特色，以"水、桥、渔、田"四元素为基础,遵循自然"田—水—路—林"

的肌理关系，形成"前后良田、宅旁菜园；小桥流水、林木掩映；空气清新、环境洁净；科技生产、蔬果丰盛"的上海郊区典型的乡村景观，见图7-6。水系是拾村村的基本脉络，联系着村落内的各种职能空间。本次规划以水系为纽带，把水岸亲水空间与村落公共活动空间串联起来，形成一套整体、有序的公共活动空间体系。

图 7-6　拾村村村落规划效果图：具有江南乡村特色的村落景观

（图片来源：上海城市规划设计研究院 ）

8. 提高环保意识，提高公众参与能力

村民是乡村的主人，也是乡村水系的具体使用者，乡村水体的生态保护与开发，当然也离不开村民的参与。当前，乡村水系环境恶化，与村民生态意识薄弱、对乡村地域特色的认识不足有着密切的关系。因此，树立生态理念，重建公众对乡村地域特色的信心和认同感，是新农村建设的一项重要内容。

首先，在村民中开展生态环保意识教育，使村民充分了解生态环保对于生活、生产的重要性。其次，宣传水系保护与村落特色保护的关系，乃至与乡村旅游经济的关系，使他们认识到自然环境的好坏也能影响切身的经济利益。再次，从完善规章制度的角度出发，结合当地的实际情况，提出恰当的水系保护方法与策略及相应的规章制度，并加以实施。最后，形成村民之间的监督管理机制，保证水系建设的可持续发展。

四、总结

水是江南乡村自然环境的重要组成部分，也是江南文化的重要载体。水系规划是改善江南乡村自然环境、再现江南水乡风貌的重要举措。要想在新型城镇化建设过程中取得满意的成效，做到乡村经济与环境的协调发展，就必须保证水系环境的良性循环。本研究针对拾村村水系的特色，从水系生态恢复的角度出发，以提高水系的自我修复、自我更新能力以及营造乡村水系景观文化为目的，提出拾村村水系规划建设的相关策略，最终实现乡村生态环境和文化的可持续发展。

第二节　案例二：南浔区菱湖镇射中村中心村水系规划

一、现状水系景观特征

1. 射中村的基本概况

射中村位于太湖边上，是一个典型的江南水乡，也叫石村、宝溪。传说这是上古时代后羿射日的地方，故得名射中村。射中村前有一水潭，传说为后羿射日的落箭处。射中村有着悠久的历史，村中的"十桥十庙"是这个村落历史的见证，其中最著名的景点有三国吴狮子吼寺、西晋开化院、梁朝苑寺、宋东岳宫等。

射中村隶属浙江省湖州市南浔区菱湖镇（图7-7），位于菱湖镇西8km处，村域面积26hm²，西临射锦公路，北到双湾村南侧，东侧和南侧依靠自然水体。现状主要用地为农村居民点用地、耕地、林地和水塘。其中共有水稻田面积1543.75亩，桑地1116.4亩，鱼塘1214.32亩。

射中村临近太湖。所属气候为亚热带湿润季风气候；季风显著，四季分明；雨热同季，降水充沛。村域东南侧为河流所包围，村域内河流交错，水塘与农田交错分布于村域西北部，经济生产主要以农业种植和水产养殖为主。

2. 水系的基本情况

射中村位于湖州市东部菱湖镇，属平原水网地区，土质肥沃，栽桑养蚕和渔业生产历史悠久。历史上的菱湖镇一带，地势低洼，常受洪涝之灾。先民们通过改造地形把低洼地改造成水塘，并把挖出的淤泥堆放在水塘的四周成为塘基，塘内养鱼，基上种植桑树，逐渐形成了桑基鱼塘生态农耕模式，以减轻水患和增加收益。

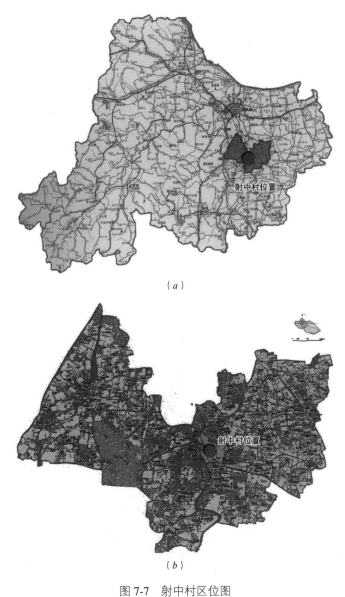

（a）

（b）

图 7-7　射中村区位图

（图片来源：浙江省建筑科学设计研究院建筑设计院）
（a）菱湖镇在湖州市的位置；（b）射中村在菱湖镇的位置

　　随着科技的进步，生产力的提高，市场经济的发展，带来了农村农业产业格局的变化。水产生产的效益高于养蚕效益，在经济利益的驱动下带来了产业发展的不平衡。原来的桑基鱼塘平衡发展的形势逐渐发展成重养鱼轻养蚕的局面，为了追求鱼塘高产，采用提高水位方法增加鱼塘水容量，使桑地坍塌，底泥堆积，破坏了桑基鱼塘的良性循环，其生态条件日益下降（图 7-8）。由于鱼塘面积的扩大，桑基面积逐渐缩小，基塘比由原来的 5:5 或 4:6 变成 3:7 或 2:8，基少塘多，基上的作物不能完全满足水产养殖对饵料和水质的需求，塘底淤泥没地堆放，以致鱼塘塘泥淤积严重，塘基崩塌，生态环境日趋恶化。另外，居民点和工业用地的散乱布置，环卫设施系统不够完善，生活垃圾、工业废料以及建筑垃圾的随意倾倒，造成水质污染，也影响了农业生产和水产养殖。村域内的水塘大小不一，形态各异，布局分散，不利于土地利用，造成土地资源浪费，且容易受到外界干扰，不利于农业生产管理和病害防治，同时也造成水体的污染。

从水域的环境质量来看，农业生产和鱼塘养殖是水域污染的主要来源。农田和鱼塘的水通过排放、降雨溢水以及地表径流进入河道，同时，生活污水、工业污水的直接排放也是造成水系污染的原因之一。水体中的有机污染物以及氨、氮、磷为主，营养物的含量较高。由于河道被农田、建筑侵占，河道变窄、淤积，河道内的水体循环较为缓慢，使得各种污染物沉积，水质较差（图7-9）。水体的污染以有机污染物、重金属、氯化物为主。

射中村地处太湖流域的冲积平原，是一个地势低洼的地区，地下水位高。挖塘堆基是一种十分合理的土地生态利用模式。然而，改革开放以来，由于工业化、城市化和农村城镇化的快速发展与无序膨胀，对包括基塘系统在内的土地资源的需求与日俱增。许多地方填塘造地，用于居住和道路建设，导致鱼塘被直接占用，使得原有的基塘景观碎片化。

图7-8　塘地坍塌，底泥堆积

（图片来源：郑洁拍摄）

图7-9　河道变窄，淤积严重

（图片来源：郑洁拍摄）

二、水系规划目标

本项目的切入点是梳理射中村村内的水系及其与周边村落水系的关系，通过修复鱼塘的水体，使村落内的水系能够良性循环，并将传统的农业生产与水乡生活融入绿色田园水景之中，重塑村落水乡风貌与文化气质。

1. 水系生态环境——注重水系的自我生态恢复

落后的农业生产和渔业生产占用了大量的水资源，造成河塘水系污染严重。局部水系被占用、割裂、阻塞，造成水系碎片化。工厂污水和生活污水的随意排放，导致水体污染源多且分散。本项目的设计并不是直接对村域内的污水进行处理，而是通过点、线、面的布局，疏通水系，形成网络发展，使其内部循环起来，并通过规划布局，截断水系点状污染源，建立生态安全岛，实现水系的生态设计。

2. 水系景观风貌——注重乡村文化的体现与传承

村庄建设的无序导致村庄风貌的缺失，加上外来文化的侵蚀，传统民居及水乡空间特色逐渐散失。本次的射中村水系环境景观规划结合了具有代表意义的风土符号：水、桥、渔、田，从自然、人文两方面入手，提高水乡景观辨识度的同时，体现江南乡村自然的田—水—塘—路的肌理关系，创造经济收益，激活水乡生活活力。

3. 水乡文化景观——注重滨水空间的开发

滨水区域是水陆交界的地方，是动植物最富饶的地方，往往也是景色最优美的地区，是形成乡村景观特色最重要的地段之一。发掘与梳理射中村空间形态与肌理特征，结合鱼塘水系，建立生动有序的公共开敞空间系统，使之既能方便村民的通行又能丰富水岸景观，使人流连其中，完善村落的功能，提高村落的环境质量，凸显村落的个性特征，增强村落的活力与吸引力。

三、水系景观的生态修复与改造设想

1. 水系景观改造的假设

渔业是射中村经济构成中一个很重要的部分，保护桑基鱼塘，保护好耕地和水系，避免建设用地对基塘系统的侵占，保护射中村特有的水乡特征，使基塘系统与水系形成良性循环。同时，将渔业发展与乡村旅游相结合，提高农民的收入；借鉴桑基鱼塘的经典案例，利用基塘农渔轮作的特点，丰富基塘的作物形态，增加收入，减少内耗。这样即可以保存射中村江南水乡特有的景观肌理，又可以形成一种新型的生态景观。

2. 水系景观的修复与改造策略

（1）治理水系的污染源

1）工业污染、生活污染以及农田、鱼塘的生产污染是射中村河道水系的主要污染源。水系的治理首先要隔绝水系的污染源。对于工业污染的处理，由于大量污染企业近期内无法搬迁和进行技术升级，规划预留大量防护绿地、湿地作为水域的保护屏障。同时，积极通过规划层面的法律法规保护绿地、湿地，实现近期遏制水系环境恶化、中期改善水环境、远期达到环境达标并进一步优化的目标。

2）对于生活污水的排放要进行管制。村落的生活污水主要为日常生活所产生的污水，内含有大量的 COD、氨、磷和病原微生物等污染物，任意排放会导致地表水和地下水源的污染，使水体富氧化，水体变黑发臭，进而影响水中生物的生存，破坏水体的生态环境。规划考虑乡村基础设施建设的可行性，结合建筑布局，就近排水的原则，安排污水与雨水两个相对独立的排水系统，实现污水处理率达 100%，污水不下河，排污管道与城市排污系统衔接。

3）对于鱼塘沟渠，农田等引水地、出水口，建立"生态岛"用于水质监测（图 7-10）。

这些"生态岛"与现有的绿色基础设施共同构成村落新的绿色廊道，形成一个系统的、稳定的水系保护网络。

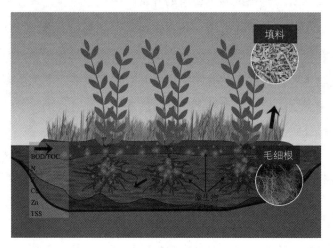

图 7-10　生态岛断面示意图

（图片来源：魏之阳绘制）

4）雨水管或排水沟布置

规划改变村域内现有雨水自然径流的排放方式，利用地形、边沟、河网，组织雨水就近入浜的排水模式。根据现状土地性质划分排水区域，地面标高和建筑组团划分排水组团，基地内沿路修建暗沟组织排水，各片区雨水汇集后就近排入水塘、河道。雨水管深埋在道路一侧，埋深控制在 0.7～2.0m。为了保持清洁，应保持道路清洁，防止杂物被雨水冲入排水沟。

（2）鱼塘的修复与发展

明确耕地和水域的保护范围，杜绝对耕地和基塘系统的侵占，保持水乡特有的水网基塘景观。对村域内河道基塘的整治以清淤、疏通为主，要使河道之间相互贯通，形成流动的水网系统。对鱼塘实行保护，针对原有基面坍塌或者面积较小的问题，利用清塘内的淤泥进行扩基，保持基塘的面积比在 3：7 或者 4：6，实现大面积的浅滩、沼泽和水草地等多种形式，使之适合更多的动物生存和繁殖。对堤岸上的树木进行保护，禁止砍伐，保护和修复地貌水域的原生性。堤岸的修复采用原生态修复法，以淤泥进行护坡、插柳固堤等手法，对塘堤及大树根基进行加固保护（图 7-11）。基塘的堤岸可根据桑基鱼塘的农业景观特质性，结合旅游休闲和提升基塘湿地景观的要求，将恢复的基面改造为林基、花基、菜基与果基，以实现保持水土与恢复生态环境，并使生物循环的保护性发展，赋予（桑基鱼塘）新的内涵。

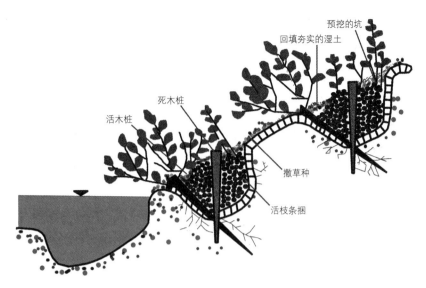

图 7-11　基塘断面做法示意图

（图片来源：赵紫彤绘制）

（3）建构多水塘—人工湿地基础设施

射中村内，河流沟渠纵横交错，各个水塘之间通过沟渠相连，形成了错综复杂的灌溉系统，即多水塘系统。多水塘系统是由单个或多个水塘通过沟渠联系而逐渐发展演变而成的，常分布于农田、鱼塘之间。其生态功能是为"蓄水"，吸纳地表径流，并在集中降水时期给水以出路，水灾频发之时蓄水囤积。多水塘成为地表水的涵养容器，干旱时节亦可作为农业用水和河涌水道水运交通用水。农民常把水塘作为蓄水池，进行渔业养殖，兼有收集雨水、农业生产污水的功能，并用于农业灌溉。多水塘系统具有强大的蓄水能力，能减缓径流速度和降低水流的挟沙能力，使悬浮物在水塘中大量的沉淀；而人工湿地对去除水体中的污染物 COD、氨、磷等营养物质有较好的效果。所以，多水塘—人工湿地是水塘和人工湿地系统的优化组合，对水体的净化有明显的效果。

对射中村的水塘系统进行改造时，依据片区鱼塘沟渠系统交错、设施简陋的特点，首先要梳理现状水系的脉络，疏通堵塞水系连通的鱼塘，将其转化为水塘，保证水系的通畅。其次，对分散的水塘、沟渠、洼地、鱼塘等改造成串联的并具有一定宽度的多水塘—人工湿地系统（图 7-12），将其作为农田、鱼塘水体的"中转站"。农田、鱼塘的水体流入水塘沉淀各种金属物质，然后进入多个相互串联的水塘进行曝氧，再流入人工湿地，湿地植物选择香蒲、再力花、美人蕉、莲藕、菱白等，这类植物对于 COD、氨、磷、浮游植物都有很好的去除效果，同时兼具有观赏价值。最后，经过净化之后再排入河湖水系，这样起到净化水质、涵养水源的作用。再次，尽可能地将多水塘—人工湿地系统与射中村的道路系统、水系网络、游憩系统叠合或交错，构成射中村完整的绿色基础设施系统。

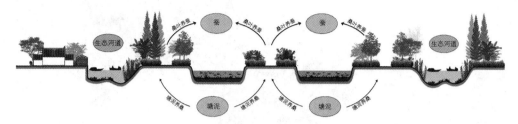

图 7-12　多水塘—人工湿地系统示意图

（图片来源：赵紫彤绘制）

（4）管理农业生态系统，实现水系的二次净化

鱼塘是水乡地区的一个显著特征，渔业又是射中村一项主要的经济来源。射中村中，大部分的村民均有自有鱼塘，多为农基鱼塘、果基鱼塘。现有鱼塘的承包机制为一年一包制，农户在一年承包期内都尽可能高效地利用鱼塘，不愿意对鱼塘进行投入和保护，造成鱼塘水质变差，土壤板结，桑基坍塌。一些鱼池的承包户只注重眼前利益，在苗种放养、饲料投喂、施肥浇水等方面狠下功夫，却忽视了对鱼池的清淤保养，年复一年，池底淤泥越积越厚，一般的池塘淤泥厚度都在 40cm 左右，有些精养池塘的厚度甚至更大，导致养鱼池塘生态条件恶化，影响了鱼类的正常生长。根据渔业的现状和农业轮作周期及效益问题，建议将鱼塘承包制改为多年承包制，这样有益于农业周期的轮作。例如鱼塘和农作物、莲藕的轮植，让土地能够休养生息，增强抵制灾害的能力。

在空间上，还可以利用原有地形高差，塑造多级台地，结合当地的农业结构，营造立体化的农业生态经济，如草—禽—沼气—渔—林模式、林—果—禽—渔模式等。立体种养不仅可最大限度地利用耕地，提升单位面积农业经济效益，是具有显著经济效益的精细土地利用模式。同时，多层次植被种植亦可多级截留雨水和地表径流，增加绿量，涵养水源。从而实现土地的高效化、生态化利用。例如可以在村域内规划布置"鱼—桑—蚕—鸡"模式（图 7-13）：池塘内养鱼，塘四周种植桑树，在桑园内圈养鸡。鱼塘淤泥及鸡粪用作桑园肥料，桑叶养蚕和鸡，蚕蛹也可以用来养鸡，蚕粪养鱼，使桑、鱼、鸡形成生态循环。

（5）河道修复与绿化恢复河道，保障水网格局的完整性与畅通性

河塘坡岸尽量保留原有的岸线走向，采用自然斜坡形式，岸边种植亲水植物，营造自然式滨水景观。因功能需要而采取硬质驳岸时，硬质驳岸不宜过长，可采用石笼护坡，也可采用台阶式驳岸，并通过绿化等措施加强生态效果。硬质驳岸所使用的石头大小形状不同，多采用当地产的天然石块，其表面粗糙，通过堆砌天然石

块覆盖驳岸以达到抗冲刷防止水土流失的作用。岸边种植的植物以乡土植物为主，如再力花、茭白、凤眼莲、鸢尾、千屈菜等，蔬菜瓜棚结合亲水平台设计，体现乡野的田园自然风光，营造自然、生态的水体环境（图7-14）。

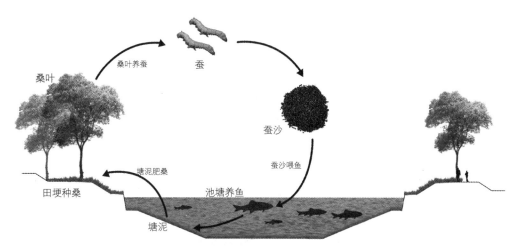

图 7-13　桑基鱼塘基本模式示意图

（图片来源：魏之阳绘制）

图 7-14　充满野趣的自然水系景观

（图片来源：互联网）

（6）延续历史文脉，挖掘水文化，结合鱼塘的休闲游憩设计

射中村除了桑基鱼塘等旅游资源丰富外，村里保留着部分明清时期的古村落建筑群和古桥梁。后羿射日和嫦娥奔月在此地有美丽的传说故事，历史和文化底蕴非常浓厚！

本次规划挖掘维护射中村的乡村地域特色，从自然、人文两方面入手，挖掘射中村的乡土符号：水、塘、田、桥，营造乡土氛围，并结合现代乡村休闲旅游，把射中村打造成"文化悠久的休闲渔村"（图7-15），与南浔古镇的古镇旅游共同构成"文化休闲之旅"，在提高射中村水乡景观辨识度的同时，创造经济收益，为水乡注入新的活力。

图 7-15　与自然环境相融合的渔庄

（图片来源：互联网）

在多水塘的湿地中建造贯穿整个基地的生态游览栈道，栈道结合塘基的种植，边上种植桑树、桃树、柳树，其根系既可以固基，防止塌陷，又能体现江南水乡的"春风桃李花开日，秋雨梧桐落叶时"。树林底下可种植瓜果蔬菜，体现果菜葱青，折藕浮瓜，春鸟秋蝉，鸣声相续的自然风貌（图7-16）。同时，可利用基塘的种植

图 7-16　生机盎然的乡村风貌

（图片来源：浙江省建筑科学设计研究院建筑设计院）

构建绿色廊道，将庭院、道路、广场、鱼塘等组织成一个有序的整体，表现水乡具有灵性的、良好的植物生态景观，展示桑基鱼塘水乡庄园的景象。结合休闲度假的需求，在局部地段上建设渔家乐、生态木屋等旅游项目，打造低碳休闲旅游生活。

四、总结

良好的水系生态资源和文化景观是江南地区乡村的特色，然而在城市化进程中，江南乡村面临各种新的挑战，且自身缺乏应对机制而不断衰败。本节以点带面通过射中村的案例，将水系生态修复与传统产业复兴相结合，在恢复传统产业的同时，挖掘传统村落的文化优势、生态优势，开发适应现代社会需求的新兴产业，实现土地的集约化增长和精细保护，为乡村注入新的活力。

结语

人类因水而生，水是人类生存最基本的物质基础。人的一切生理活动都离不开水，人们在生存之初就从生活、生产等各个方面对其诸多特性进行了解并加以应用。在对村落水系环境景观的营造理论和实地考察资料的逐步探索中，发现全国各地分布着极具地域特色的水景古村落，它们拥有优美的自然水环境和人工水空间，民风淳朴，一些优良的传统民俗保留至今。这些传统村落不仅可谓是当代乡村水环境建设的范本，更是后世子孙认识民族文化、传承民族精神的实体印证。本研究在此背景下，通过实地勘察和文献调查，记录传统村落的理水之法及空间营造法则，为传统村落的保护取证，为美丽乡村建设、当代人居环境建设取经，为民族文化传承取经。

近几十年来，国家为改善城乡生态环境、居住条件，正经历着大规模的城乡修复及改造，其中水系环境景观空间的改造当属其中重要的一环。水不仅是不可替代的物质资源，也是构成景观环境的要素之一，更是调节生态平衡的重要元素。人类的生活、工作乃至身心健康都离不开水，如何科学地利用水体来创造宜人的居住环境显得尤为重要。事实上，中国传统村落的建设中包含了"师法自然"、"天人合一"等朴素的生态观，并由此产生了一些简单有效的生态技术措施，这些都凝结着我国古代劳动人民智慧的结晶。当前，由于人们的生产、生活方式发生了巨大的改变，我们不可能照抄照搬古人的技术手段，但是可以通过分析和学习传统村落对水系的处理方法，学习古人对自然的态度，使生态理念深入人心。

对于当前美丽乡村建设、人居水系环境的存在现状，合理地开发和利用水环境尤其重要。在水系环境开发过程中要尊重自然，恢复水系的自然生态性原则，提高人们的环保意识，使水系与环境融为一体，达到人与自然的和谐共存；强调水系的历史文化性原则，重视环境对人的精神意义，把人与自然的关系提升到一个新的层次和高度，即从物质关系提升到精神层面的高度；要注重水系环境景观设计的物质效用，要符合人们的行为习惯，促进人与人的交往，实现人与自然的互动、人与人的互动，实现物我的平等。

参考文献

[1] 车震宇 . 传统村落旅游开发与形态变化 [M]. 北京：科学出版社，2008.

[2] 刘沛林 . 古村落：和谐的人聚空间 [M]. 上海：三联书店，1998.

[3] 彭一刚 . 传统村镇聚落景观分析（第一版）[M]. 北京：中国建筑工业出版社，1994.

[4] 阮仪三 . 中国江南水乡 [M]. 上海：上海画报出版社，1995.

[5] 阮仪三 . 江南古镇 [M]. 上海：上海画报出版社，1998.

[6] 程建军、孔尚朴 . 风水与建筑 [M]. 南昌：江西科学技术出版社，2005.

[7] 费孝通 . 小城镇四记 [M]. 北京：新华出版社，1985.

[8] 尹钧科 . 北京郊区村落发展史 [M]. 北京：北京大学出版社，2001.

[9] 陈志华 . 楠溪江中游古村落 [M]. 北京：华联印刷有限公司，2005.

[10] 陈志华，李秋香 . 诸葛村 [M]. 北京：清华大学出版社，2010

[11] 楼庆西 . 郭洞村 [M]. 北京：清华大学出版社，2007.

[12] 林峰 . 江南水乡 [M]. 上海：上海交通大学出版社，2008.

[13] 费孝通 . 江村经济——中国农民生活 [M]. 北京：商务印书馆，2005.

[14] 费孝通 . 论小城镇及其他 [M]. 天津：天津人民出版社，1986.

[15] 吴良镛 . 人居环境科学研究进展（2002-2010）[M]. 北京：中国建筑工业出版社，2011.

[16] 陆志钢 . 江南水乡历史城镇保护与发展 [M]. 南京：东南大学出版社，2001. 4.

[17] 梁雪 . 传统村镇实体环境设计 [M]. 天津：天津大学出版社，2001.

[18] 汪森强 . 水脉宏村 [M]. 南京：江苏美术出版社，2004.

[19] 赵勇 . 中国历史文化名镇名村保护理论与方法 [M]. 北京：中国建筑工业出版社，2008.

[20] 王景慧，阮仪三 . 历史文化名城保护理论与规划 [M]. 上海：同济大学出版社，1999.

[21] 杨恩德 . 城乡综合环境整治背景下的风貌规划设计研究 [M]. 北京：人民邮电出版社，2008.

[22] 冯淑华 . 传统村落文化生态空间演化论 [M]. 北京：科学出版社，2011.

[23] 袁青 . 城乡统筹背景下的传统村落风貌规划研究 [M]. 北京：中国建筑工业出版社，2012.

[24] 薛林平，潘曦，王鑫 . 美丽乡愁——中国传统村落 [M]. 北京：中国建筑工业出版社，2017.

[25] 王浩，唐晓岚，孙新旺，王婧 . 村落景观的特色整合 [M]. 北京：中国林业出版社，2010.

[26] 梁雪 . 传统村镇实体环境设计 [M]. 天津：天津科学技术出版社，2001.

[27] 周建明 . 中国传统村落——保护与发展 [M]. 北京：中国建筑工业出版社，2014.

[28] 刘沛林 . 风水——中国人的环境观 [M]. 上海：三联书店，1995：159.

[29] 柳肃等. 湘西村镇传统建筑 [M]. 湖南: 中国建筑工业出版社, 2008.

[30] 熊侠仙, 张松, 周俭. 江南古镇旅游开发的问题与对策——对周庄、同里、用直旅游状况的调查分析 [J]. 城市规划汇刊 2002（6）: 61-63.

[31] 赵勇, 崔健浦. 历史文化村镇保护规划研究 [J]. 城市规划, 2004（8）: 54-59.

[32] 刘滨谊. 论景观水系整治中的护岸规划设计 [J]. 中国园林, 2004.（3）: P32-36.

[33] 黄玉金, 郑方振. 农田水利研究综述 [J]. 水利工程, 2010（7）: 65-66.

[34] 杨芸. 论多自然型河流治理法对河流生态环境的影响 [J]. 四川环境, 1999（18）: 19-24.

[35] 阮仪三. 江南水乡城镇的特色、价值及保护 [J]. 城市规划汇刊, 2002（1）: 1-4.

[36] 王智平, 杨居荣. 水与村落关系的生态学思考 [J]. 生态学杂志, 2001, 20（5）: 69-72.

[37] 王云才, 刘滨谊. 论中国乡村景观及乡村景观规划 [J]. 中国园林 2003（1）: 55-57.

[38] 赵庆海, 费利群. 国外乡村建设实践对我国的启示 [J]. 城市问题, 2007（2）: 51-55.

[39] 仇保兴. 中国历史文化名镇（村）的保护和利用策略 [J]. 城乡建筑, 2004（1）: 6-9.

[40] 马航. 中国传统村落的延续与演变——传统聚落规划的再思考 [J]. 城市规划学刊, 2006（1）: 102-107.

[41] 孙艺惠, 陈田, 王云才. 传统乡村地域文化景观研究进展 [J]. 地理科学研究, 2008（6）: 90-96.

[42] 王颖. 传统水乡城镇结构形态特征及原型要素的回归——以上海市郊区小城镇的建设为例 [J]. 城市规划汇刊, 2000（1）: 52-57.

[43] 孙斐, 沙润, 周年兴. 苏南水乡村镇传统建筑景观的保护与创新 [J]. 人文地理, 2002（2）: 93-96.

[44] 王浩锋. 宏村水系的规划与规划控制机制 [J]. 华中建筑, 2008（12）: 224-228.

[45] 蒋丹鸿, 曹冬冬. 岭南特色水乡村落的发与保护 [J]. 规划师, 2006（02）: 31-32.

[46] 浙江省建设厅. DB33/1038—2007. 河道生态建设技术规范 [M]. 北京: 中国计划出版社, 2007.

[47] 章轲. 鲑鱼 -2000 计划: 莱茵河流域管理成功案 [J]. 世界环境 2006（2）: 62-65.

[48] 李强标. 对杭州农村河道水环境综合整治规划的几点思考(J). 中国农村 水利水电, 2008(9): 21-24.

[49] 何江华. 景观安全格局理论在城市河道整治中的实践 [J]. 中国农村水利水电, 2008（6）: 124-125.

[50] 徐芳, 岳红艳. 生态型护岸及其发展前景 [J]. 重庆交通学院院报, 2005（10）: 148-150.

[51] 董哲仁, 曾向辉. 生态方法水体修复技术 [J]. 中国水利, 2002（3）: 8-10.

[52] 董哲仁. 河流形态多样性与生物群落多样性 [J]. 水利学报, 2003（11）: 1-4.

[53] 吴阿娜, 车越, 张宏伟, 杨凯. 国内外城市河道整治的历史、现状及趋势 [J]. 中国给水排水,

2008（4）: 13-18.

[54] Gerald E, Galloway M.River basin management in the 21st century: Blending development with economic, ecologic, and cultural sustainability[J].Water International.1997（2）: 82-89.

[55] Michel Conam.Environmentalism in Landscape Architecture[J].Dumbarton Oaks Research Library and Collection, 2000, 5.

[56] David Dillon.A riverfront plaza reunites Hartford with its history[J].Landscape Architecture, 2000（1）: 71-74.

[57] Ms.Ulrike Kelm, A New Water Culture : Social Inclusion and Investment for Scale Infrastructure[J].International Media, 2006

[58] Miehael Daigle.The Roehaway River Watershed Planning[J].Landscape Architecture, 2000（1）: 42-43.

[59] Mike Kelly.Watershed Protection[J].Landscape Architeeture, 2001（04）: 12-15.

[60] Dick Rigby. Waterfront Regeneration Trust1995.Lakeon Greenway Strategy[J].Landscape Architecture, 2003（7）: 15-16.

[61] Paul Bennett.Marking The River connection[J]. Landscape Architecture, 2001（2）.

[62] Arriaza M, Canas J F. Assessing the visual quality of rural landscape[J]. Landscape and Urban Planning, 2004, 69（3）: 115-125.

[63] Roberts B.K Landscape of settlement prehistory to the present[M]. London: Rutledge, 1996.1-6.

[64] GeraldE, GallowayM. River basin management in the 21st century: Blending development with economic, ecologic, and cultural sustainability[J]. Water International, 1997, 22（2）: 82-89.

[65] Benedict MA, Mcmahon ET. Green Infrastructure: Smart Conservation for the 21st Century[J]. Renewable Resources Journal, 2002（3）: 12-17.

[66] Charles Waldheim.Landscape as Urbanism, Landscape Urbanism Reader[M].Princeton Architectural Press.2006.

[67] James Corner.Terra Fluxus, Landscape Urbanism Reader[M]. Princeton Architectural Press.2006.

[68] Richard Weller. An art of instrumentality: Thinking through landscape urbanism, Landscape Urbanism Reader[M].Princeton Architectural Press.2006.

[69] Birnbaum Charles. Karson Robin. Pioneers of American Landscape Design[M]. McGraw— Hill, 2000.

[70] Sin Van der Ryn, Stuart Cowan. Ecological Design[M].Washington. D.C: Island press, 1996.

[71] Turner. T. Greenway planning in Britain: recent work and future plans[J]. Landscape and Urban Planning, 2006, 76.

[72] WILLIAMS B K. Adaptive management of natural resources—framework and issues[J]. Journal of Environmental Management，2010，92（5）: 1346-1353.

[73] THOM R M. Adaptive management of coastal ecosystem restoration projects[J]. Ecological Engineering，2000（15）: 365-372.

[74] Moudon A.V. . Urban morphology as an emerging interdisciplinary field[J]. Urban Morphology.1997（1）: 3-10.

[75] Forman R T T，Godron M. Landscape ecology[M]. New York: Wil 1986: 121～155.

[76] ZhiYong Yin，Susan Walcott，Brian Kaplan.An analysis of the relationship between spatial patterns of water quality and urban development in Shanghai China[J].Environment and Urban Systems，2005（29）: 197-221.

[77] Michael Hough. City Form and Natural Process. Towards a New Urban Vernacular[M]. New York: Chapman and Hall，Inc，1989: 123-126.

[78] Shmuel Burmil，Terry C.Daniel，John D. Hetheringtong. Human values and perceptions of water in arid landscapes[J].Landscape and Urban Planning，1999，4: 99-109.

[79] 熊海珍 . 中国传统村镇水环境景观探析 [D]，西南交通大学研究生学位论文，2004.

[80] 车裕斌 . 新型城镇化背景下传统村落保护研究——以龙游县部分传统村落为例 [D]，浙江师范大学硕士学位论文，2014.

[81] 黄智凯 . 湘南传统聚落水系景观空间研究——以郴州板梁古村为例 [D]，中南林业科技大学硕士学位论文，2008.

[82] 苟倩 . 乡村旅游背景下的传统村镇滨水景观设计研究——以川西平原为例，重庆大学硕士学位论文，2014.

[83] 史丽霞 . 水系与水乡城镇空间发展规划研究——以姜堰市溱潼镇为例 [D]，东南大学研究生学位论文，2007.

[84] 陈旭东 . 徽州传统村落对水资源合理利用的分析与研究 [D]，合肥工业大学硕士学位论文，2010.

[85] 方路 . 基于水文化的靖港古镇水景营造研究 [D]，中南林业科技大学硕士学位论文，2012.

[86] 郑林璐 . 基于"美丽乡村"建设背景下的乡村滨水景观设计研究——南平市夏道镇洋坑村芭蕉湖滨湖景观为例 [D]，昆明理工大学硕士学位论文，2015.

[87] 周丹 . 苏州乡村人居环境优化设计研究——以苏州 24 个村为例 [D]，苏州科技学院硕士学位论文，2013.

[88] 宋潇璐 . 浙江古村落水景观设计研究 [D]，浙江农林大学硕士学位论文，2013

[89] 刘世强 . 福建培田客家古村落水系景观研究 [D]，福建农林大学硕士学位论文，2014.

[90] 刘宁 . 浙北平原乡村水系景观设计研究 [D]，浙江农林大学硕士学位论文，2015.

[91] 汪靖之 . 湘中丘陵地区乡村水系保护利用研究——以桃江县石牛江镇为例 [D]，湖南农业大学硕士学位论文，2012.

[92] 梁林 . 基于可持续发展观的雷州半岛乡村传统聚落人居环境研究 [D]，华南理工大学博士学位论文，2015.